코바늘로 뜨는
모로칸 디자인 모티프

더 헐레이션스 엮음 | 김수정 옮김

WILLSTYLE

CONTENTS

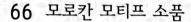

message

이 책은 모로칸 타일이나 모로칸 러그 등의 "모로칸 디자인"에서 영감을 얻었습니다.

모로칸 디자인이라고 해도 파란색을 기본으로 한

이국적인 이슬람 문화의 디자인도 있고,

투박한 느낌의 민족적인 색조도 있으며,

심지어 프랑스풍의 팝한 스타일도 있습니다.

그러한 요소들을 섞어서 모로칸 특유의 랜턴 무늬, 아라베스크 무늬,

격자무늬가 특징인 트렐리스 무늬나 다마스크 무늬 등

독특한 모티프 디자인을 제안했습니다.

모로칸 모티프는 타일로 대표되는 "연결"을 통해 만들어지는 무늬나,

강조해 연결하는 방식으로 모티프의 형태를 돋보이게 하는 재미가 있습니다.

배색은 하나의 예입니다. 한 가지 색이든 여러 색이든 취향에 따라 만들어보세요.

자유로운 발상으로 모티프 연결을 즐겨보시기 바랍니다.

더 헐레이션스

이 책의 사용법

모로칸 디자인 모티프 페이지는 ABC 3개의 요소로 구성됩니다.
뜨개 도안이 큰 작품과 연결하는 법 설명은 P.112부터 소개합니다.

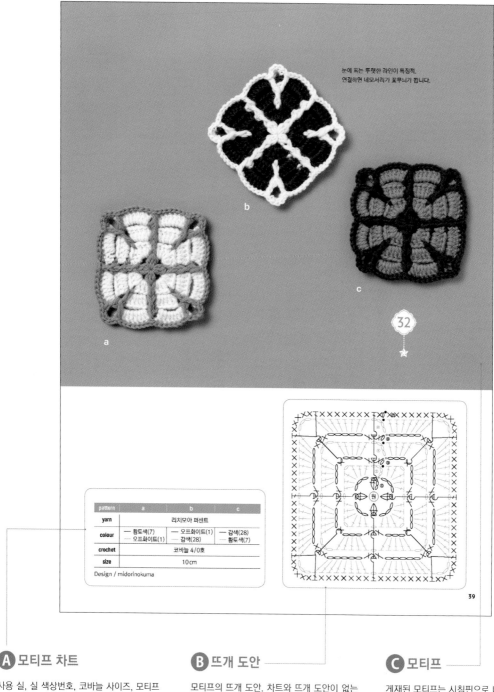

눈에 띄는 뚜렷한 라인이 특징적.
연결하면 네모서리가 꽃무늬가 합니다.

b

c

a

32

pattern	a	b	c
yarn	리치모아 퍼센트		
colour	― 황토색(7) ― 오프화이트(1)	― 오프화이트(1) ― 감색(28)	― 감색(28) ― 황토색(7)
crochet	코바늘 4/0호		
size	10cm		

Design / midorinokuma

39

Ⓐ 모티프 차트

사용 실, 실 색상번호, 코바늘 사이즈, 모티프 한 장의 크기를 표기. 실을 바꾸는 모티프는 뜨 개 도안의 색(검정, 핑크, 하늘색) 또는 단수 (①②③) 등으로 표시했습니다.

Ⓑ 뜨개 도안

모티프의 뜨개 도안. 차트와 뜨개 도안이 없는 작품은 P.112부터 소개하는 모티프 연결법 페 이지에 기재되어 있습니다.
◀ 실 자르기 ◁ 실 잇기
[사슬 연결]은 뜨기 끝을 표시합니다. 숫자는 단 수를 뜻합니다.

Ⓒ 모티프

게재된 모티프는 시침핀으로 네 모서리를 고정 하고 스팀다리미로 다린 것입니다. 모티프를 연 결하기 전에 이렇게 해두면 코를 맞추기 쉬워 원 활하게 연결할 수 있습니다.

* 이 책의 작품은 하마나카 손뜨개실, 리치모아 손뜨개 실을 사용했습니다.　* 실의 표시 내용은 2022년 11월 기준입니다.
* 인쇄물이므로 모티프 및 작품의 색이 실제와 다를 수 있습니다. 양해 부탁드립니다.

4

모로칸 디자인
모티프

"모로칸 디자인"이라고 하면 떠오르는
랜턴 무늬와 팔각형의 아라베스크 무늬 등
동양적이면서 이국적인 모티프를
모았습니다.

5

pattern	a	b	c
yarn	하마나카 아메리 F 〈합태사〉		
colour	핑크(505)	보라(511)	청록(515)
crochet	코바늘 4/0호		
size	6cm		

Design / 미도리 노쿠마

연결하는 법 ▶ P.112

01

자그마한 마름모꼴 모티프.
빼뜨기하면서 연결합니다.

pattern	a	b	c	d
yarn	리치모아 퍼센트			
colour	연베이지 (123)	에메랄드(35)	핑크(72)	진갈색(89)
crochet	코바늘 5/0호			
size	9 x 8cm			

Design / 미도리 노쿠마

P.70의 태피스트리에 사용한 모티프.
마지막 단의 네 변에서 빼뜨기하며 연결합니다.

pattern	a	b	c
yarn	하마나카 아메리		
colour	— 아이스블루(10) — 그린(14)	— 라일락(42) — 민트블루(45)	— 오렌지(4) — 플럼레드(32)
crochet	코바늘 5/0호		
size	9cm		

Design / Riko 리본

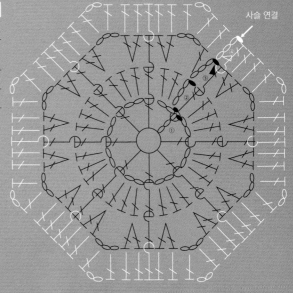

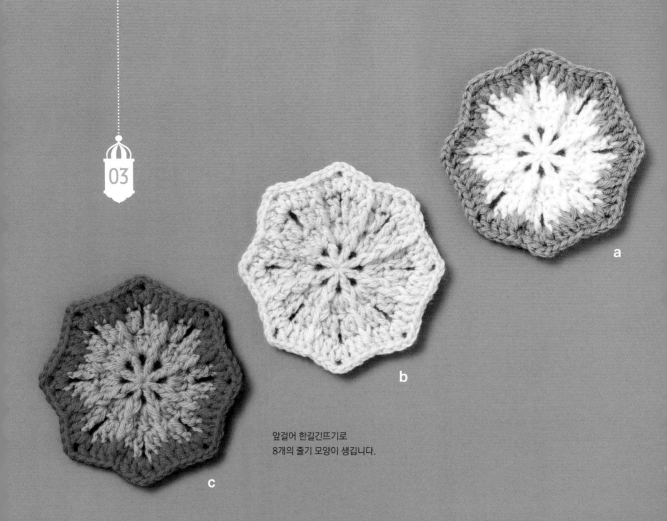

앞걸어 한길긴뜨기로
8개의 줄기 모양이 생깁니다.

pattern	a	b
yarn	하마나카 아프리코	
colour	— 노랑(17) — 녹색(15)	— 녹색(15) — 감색(26)
crochet	코바늘 4/0호	
size	6.5cm	

Design / Riko 리본

사슬 연결

연결하는 법 ▶ P.112

b

a

04

모티프의 안쪽 면에서 연결하면
깔끔하게 마무리됩니다.

yarn	하마나카 아메리
colour	── 잉크블루(16) ── 흰색(51) ── 오렌지(55)
crochet	코바늘 5/0호
size	10cm 정사각형

Design / 코토리야마 린코

연결하는 법 ▶ 짧은뜨기로 잇기 (안쪽 반코 / 겉끼리 맞대기)

배색으로 즐길 수 있는 모티프.
두 가지 모양을 즐겨보세요.

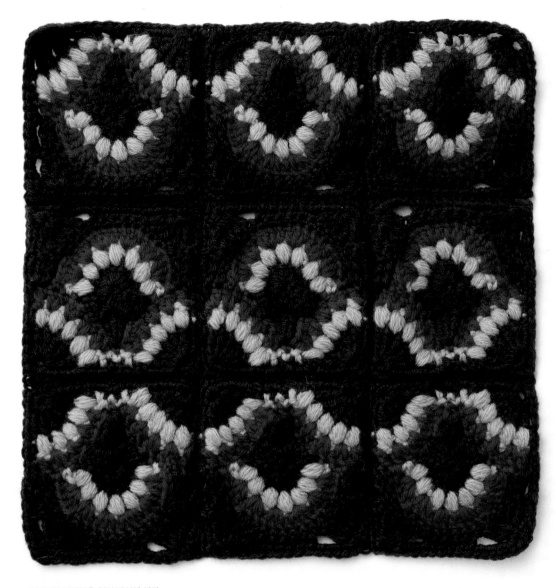

유니크한 디자인은 연결 방식에 따라
분위기가 달라집니다.

yarn	하마나카 아메리
colour	①④⑤⑥⑨⑩⑪ 감색(53) ②⑦ 핑크(7) ③⑧ 다크레드(6)
crochet	코바늘 5/0호
size	8cm 정사각형

Design / 코토리야마 린코

뜨기 시작
시작고 시슬뜨기 15코

연결하는 법 ▶ P.113

⟵ 화살표 방향으로 뜬다.

motif	07				08
pattern	a	b	c	d	e
yarn	리치모아 퍼센트				
colour	오프화이트(1)	하늘색(39)	오렌지(86)	민트그린(23)	감색(47)
crochet	코바늘 5/0호				
size	07: 9.5cm 정사각형, 08: 8cm				

Design / 미도리 노쿠마

십자가 모양 모티프로 팔각 모티프 사이를 채웁
니다. 마치 모로쿠 타일처럼 완성되었어요.

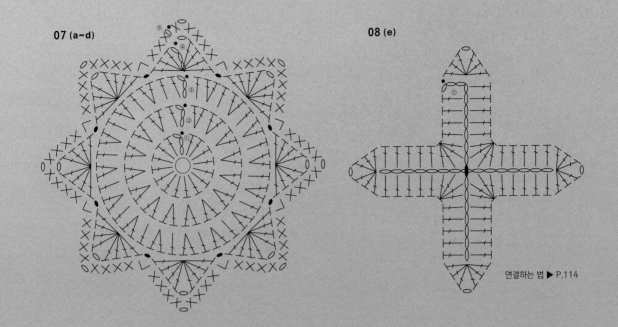

연결하는 법 ▶ P.114

c

pattern	a	b
yarn	리치모아 퍼센트	
colour	①감색(47) ②청록(108) ③피콕블루(26) ④청록(25) ⑤라이트블루(22) ⑥흰색(95)	①흰색(95) ②라이트블루(22) ③청록(25) ④피콕블루(26) ⑤청록(108) ⑥감색(47)
crochet	코바늘 5/0호	
size	9 cm	

Design / 타케치 미에

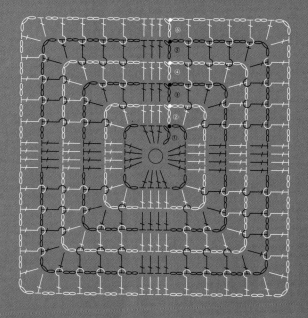

a

같은 색상으로 배색만 반대로 뜬 패턴.
다림질해서 펴지 않고 자연 그대로의
형태를 즐기는 것도 추천합니다.

b

pattern	a	b
yarn	리치모아 퍼센트	
colour	청색(106)	흰색(95)
crochet	코바늘 5/0호	
size	7.5 cm	

Design / Riko 리본

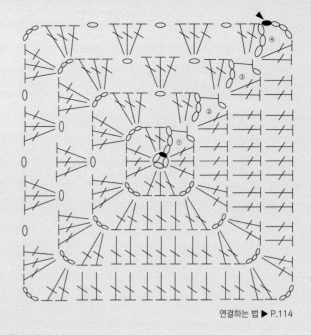

연결하는 법 ▶ P.114

10

a   b

같은 단을 2종류의 뜨개법으로
뜨는 것이 포인트입니다.

아라베스크 무늬 모티프는 지름이 19cm인 빅사이즈.
사각형 모티프와 빼뜨기로 연결합니다.

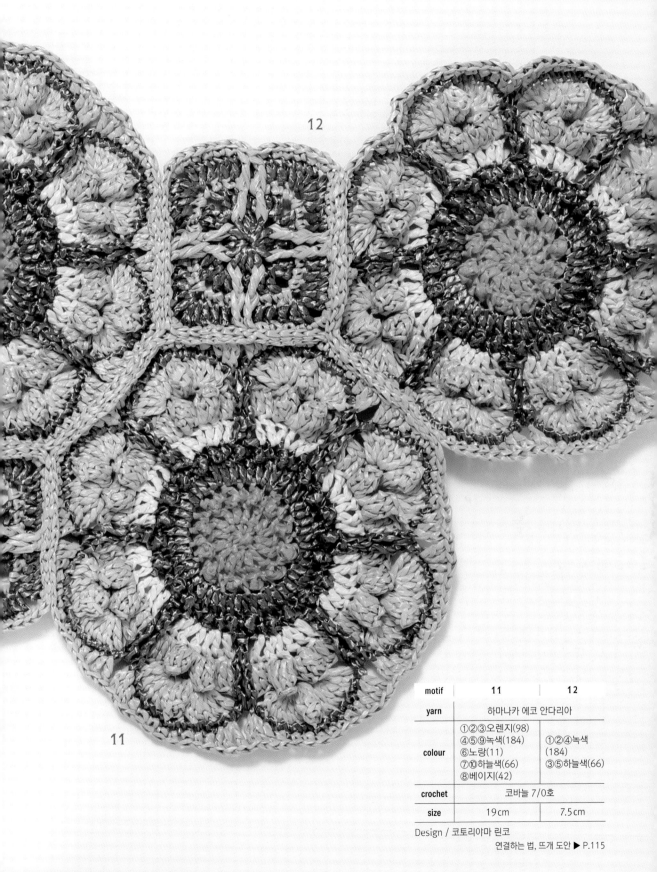

12

11

motif	11	12
yarn	하마나카 에코 안다리아	
colour	①②③오렌지(98) ④⑤⑨녹색(184) ⑥노랑(11) ⑦⑩하늘색(66) ⑧베이지(42)	①②④녹색 (184) ③⑤하늘색(66)
crochet	코바늘 7/0호	
size	19 cm	7.5 cm

Design / 코토리아마 린코

연결하는 법, 뜨개 도안 ▶ P.115

pattern	a	b	c	d	e
yarn	하마나카 플랙스 K, 플랙스 K 〈라메〉(d)				
colour	청색(211)	노랑(205)	빨강(203)	감색(612)	녹색(207)
crochet	코바늘 5/0호				
size	9x7cm				

Design / 타카기 유키

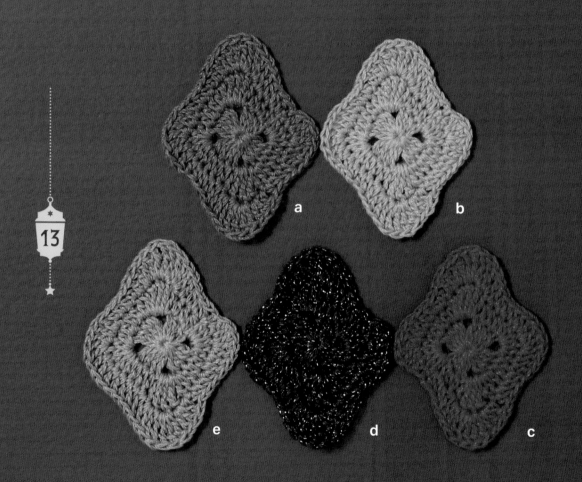

P.77의 그래니백을 만들 때는
사슬뜨기로 연결했어요.

pattern	a	b	c
yarn	리치모아 퍼센트		
colour	─ 보라(53) ─ 실버그레이(93) ─ 황록색(109)	─ 핑크(72) ─ 황토색(14) ─ 보라(53)	─ 실버그레이(93) ─ 황록색(109) ─ 핑크(72)
crochet	코바늘 5/0호		
size	6cm 정사각형		

Design / 타카기 유키

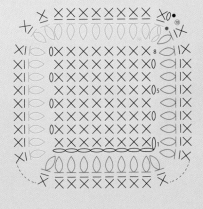

짧은뜨기와 긴뜨기 2코 구슬뜨기를
조합한 독특한 디자인의 모티프.

b

c

a

yarn	하마나카 콜포쿨 〈멀티컬러〉, 콜포쿨
colour	①~⑦ 핑크계열(111) / 콜포쿨 〈멀티컬러〉 ⑧연결: 보라(9) / 콜포쿨
crochet	코바늘 3/0호
size	8 x 6.5 cm

Design / 코토리야마 린코

연결하는 법 ▶ P.116

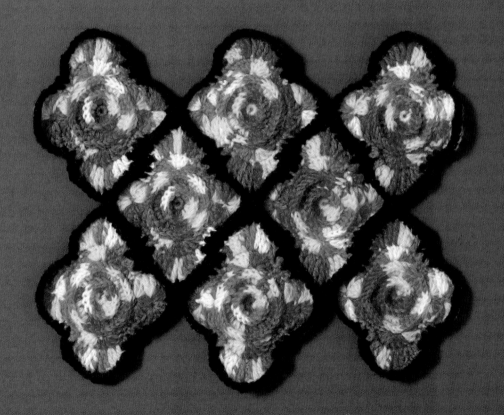

마블 무늬로 완성되는 멀티컬러 실을 사용.
연결했을 때의 격자무늬가 인상적입니다.

pattern	a	b	c	d
yarn	하마나카 아메리			
colour	차이나블루 (29)	청자색 (37)	포기스카이 (39)	피콕그린 (47)
crochet	코바늘 5/0호			
size	11.5 x 8.5 cm			

Design / 미도리 노쿠마

연결하는 법 ▶ P.116

16

랜턴 모양 모티프. 퍼즐처럼 딱 맞춰지며
아름답게 연결됩니다.

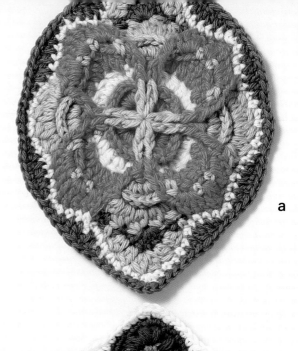

a

다마스크 문양과 같은 호화로운 디자인
이 매력. 볼륨감도 있어 존재감이 뛰어
납니다.

b

c

pattern	a	b	c
yarn	리치모아 퍼센트		
colour	①③⑧ 황토색(14) ②⑤⑦ 핑크(72) ④⑪ 오프화이트(1) ⑥⑩ 그레이(121) ⑨⑫ 피콕그린(26)	①③⑤⑦ 하늘색(40) ②⑥⑧ 노랑(6) ④⑩⑪ 진갈색(9) ⑨ 청색(25) ⑫ 오프화이트(1)	①⑧⑨ 빨강(74) ②④⑦⑪ 보라(59) ③⑤ 청록색(108) ⑥⑩ 감색(28) ⑫ 진청색(43)
crochet	코바늘 6/0호		
size	17.5 x 13cm		

Design / 코토리야마 린코

연결하는 법 ▶ P.117

pattern	a	b	c
yarn	리치모아 퍼센트		
colour	①③황록색(109) ②⑥감색(46) ④청색(106) ⑤황토색(7)	①③오프화이트(1) ②⑥노랑(6) ④청록색(25) ⑤그레이(121)	①③핑크(72) ②⑥갈색(9) ④보라(112) ⑤오프화이트(1)
crochet	코바늘 5/0호		
size	12x9cm		

Design / 코토리야마 린코

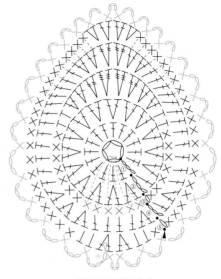

공작의 날개를 표현한 변형 모티프.
P.72의 스톨은 금색 실로 화려하게
완성했습니다.

✕ 시작코의 고리를 줍는다.
(3번째 단의 높이까지 확실하게 끌어올린다.)

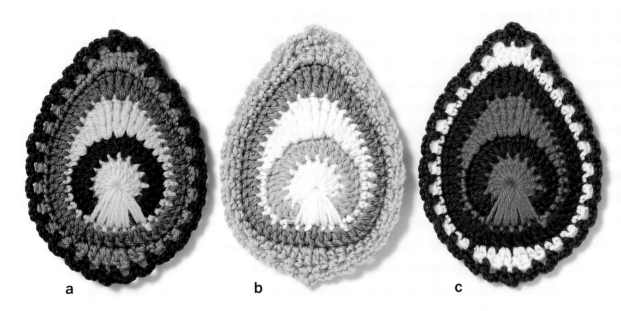

a   b   c

두께감과 투명감이 있는 독특한
모티프. 마지막 단에서 빼뜨기로
연결합니다.

pattern	a	b	c	d	e	f
yarn	하마나카 아메리 F 〈합태사〉					
colour	— 하늘색(512) — 에크루(501)	— 에크루(501) — 하늘색(512)	— 오렌지(506) — 에크루(501)	— 에크루(501) — 오렌지(506)	— 진갈색(519) — 에크루(501)	— 에크루(501) — 진갈색(519)
crochet	코바늘 5/0호					
size	지름 8cm					

Design / 미도리 노쿠마

연결하는 법, 뜨개 도안 ▶ P.117

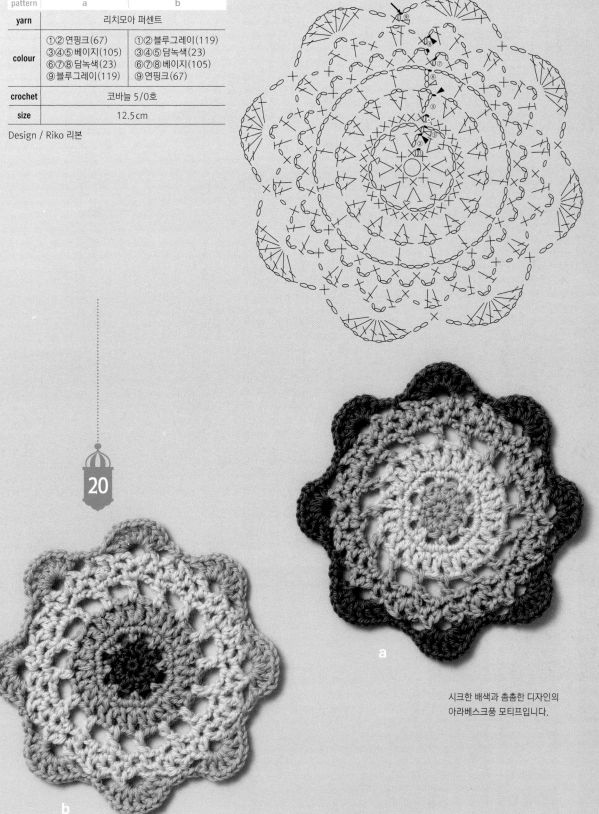

pattern	a	b
yarn	리치모아 퍼센트	
colour	①②연핑크(67) ③④⑤베이지(105) ⑥⑦⑧담녹색(23) ⑨블루그레이(119)	①②블루그레이(119) ③④⑤담녹색(23) ⑥⑦⑧베이지(105) ⑨연핑크(67)
crochet	코바늘 5/0호	
size	12.5cm	

Design / Riko 리본

사슬 연결

20

a

b

시크한 배색과 촘촘한 디자인의
아라베스크풍 모티프입니다.

pattern	a	b	c
yarn	하마나카 보니		
colour	아쿠아블루(609)	체리핑크(604)	보라(437)
crochet	코바늘 7/0호		
size	10cm		

Design / Riko 리본

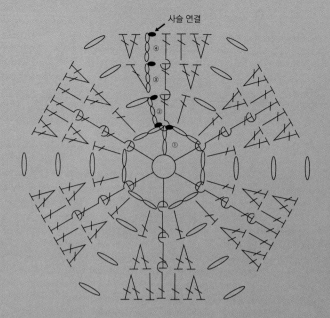

사슬 연결

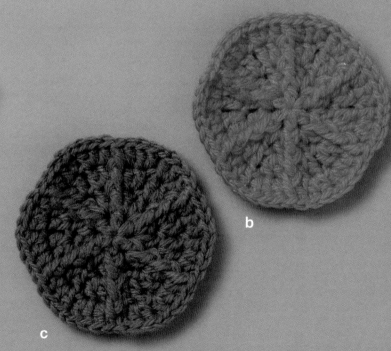

a

b

c

육각형 모티프. P.82의 가방을
만들 때는 크게 떠서 연결했습니다.

pattern	a	b	c
yarn	하마나카 아메리		
colour	▬ 플럼레드(32) ▬ 블랙(52)	▬ 아쿠아블루(11)	▬ 내츄럴화이트(20) ▬ 베이지(21) ▬ 라벤더(43)
crochet	코바늘 5/0호		
size	8cm		

Design / Riko 리본

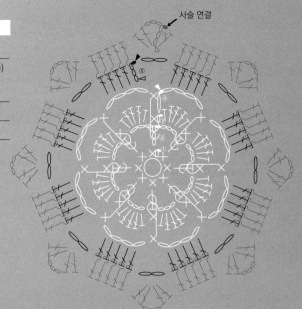

사슬 연결

* 4번째 단의 사슬뜨기는 3번째 단 뒤에 오도록 뜬다.

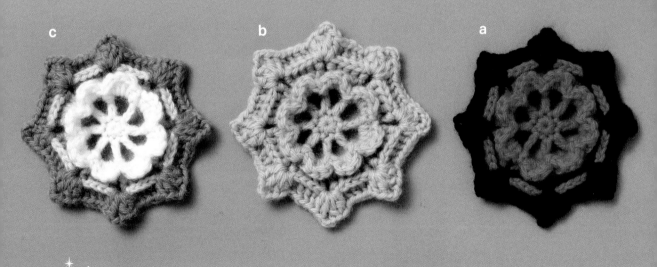

c   b   a

22

입체적인 꽃잎이 특징인 팔각형 모티프.
배색을 즐길 수 있는 디자인입니다.

pattern	a	b	c
yarn	하마나카 아메리 F 〈합태사〉, 아메리 F 〈라메〉(604)		
colour	갈색(604)	— 청록색(515) — 연두색(528) — 갈색(604)	— 오렌지(506) — 핑크(505) — 갈색(604)
	연결 : 갈색(604)		
crochet	코바늘 4/0호		
size	7cm		

Design / 타카기 유키

연결하는 법 ▶ 감침질 (맞은편 반코/겉끼리 맞대기)

a

b

세 가지 패턴의 모티프를 조합해서
모로칸 타일을 표현. 사슬 5코 피코
뜨기가 악센트입니다.

c

23

yarn	하마나카 아메리 F 〈라메〉
colour	베이지(602)
crochet	코바늘 4/0호
size	15cm 정사각형

Design / Riko 리본

사슬 연결

연결하는 법 ▶ P.118

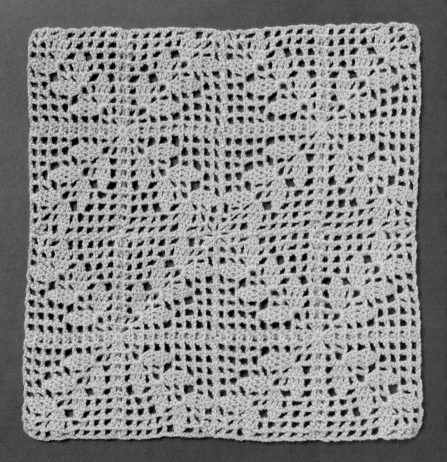

24

뜨면서 연결하면 예쁜
격자무늬가 만들어집니다.

pattern	a	b	c	d
yarn	리치모아 퍼센트			
colour	베이비핑크(70)	보라(60)	블루그레이(44)	빨강(74)
crochet	코바늘 4/0호			
size	13cm 정사각형			

Design / 미도리 노쿠마   연결하는 법, 뜨개 도안 ▶ P.118

컬러 매칭을 즐길 수 있는 정사각
모티프. 빼뜨기로 연결합니다.

pattern	a	b	c
yarn	하마나카 아메리 F 〈합태사〉		
colour	― 청록색(515) ― 그레이(522) ― 에크루(501)	― 그레이(522) ― 에크루(501) ― 청록색(515)	― 에크루(501) ― 청록색(515) ― 그레이(522)
crochet	코바늘 4/0호		
size	6cm		

Design / 미도리 노쿠마

26

세 가지 색을 세련되게 조합한 작은 모티프.
동양적인 분위기를 풍깁니다.

a

b

c

b

a

d

c

부드러운 톤으로 배색.
사슬 5코 피코뜨기가 포인트입니다.

pattern	a	b	c	d
yarn	하마나카 아메리			
colour	①③④흰색(20) ②청색(29) ⑤핑크(27)	①④청색(29) ②흰색(20) ③핑크(27) ⑤흰색(20)	①④핑크(27) ②흰색(20) ③청색(29) ⑤흰색(20)	①③④흰색(20) ②핑크(27) ⑤청색(29)
crochet	코바늘 5/0호			
size	8.5cm			

Design / 타카기 유키

pattern	a	b
yarn	하마나카 워시코튼 〈크로셰〉	리치모아 퍼센트
colour	― 민트(142) ― 흰색(101)	― 연보라(59) ― 보라(112)
crochet	코바늘 3/0호	코바늘 6/0호
size	6.5 cm	9 cm

Design / 코토리야마 린코

연결하는 법 ▶ 짧은뜨기로 잇기 (안쪽 반코/겉끼리 맞대기)

a

심플한 그래니 스퀘어. 색 변경
타이밍을 바꾸는 것만으로 신
선한 무늬가 됩니다.

b

pattern	a	b
yarn	리치모아 퍼센트	
colour	─ 보라(112) ─ 황토색(7)	─ 황토색(7) ─ 보라(112)
crochet	코바늘 5/0호	
size	8cm 정사각형	

Design / 타카기 유키

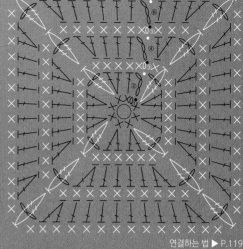

연결하는 법 ▶ P.119

연결하면 가로와 세로 줄무늬가
격자로 드러납니다.

pattern	a	b
yarn	리치모아 퍼센트	하마나카 개구쟁이 데니스
colour	— 오프화이트(1) — 연보라(59) — 녹색(107)	— 빨강(10) — 황금색(28) — 감색(20)
crochet	코바늘 5/0호	
size	9cm 정사각형	

Design / 코토리야마 린코

a

리본을 단 선물상자 같은 디자인.
중앙의 꽃은 2단을 겹쳤습니다.

b

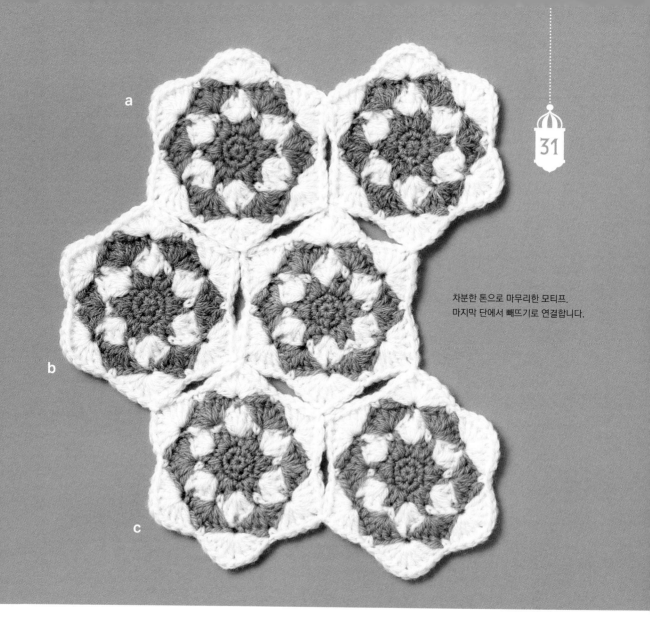

차분한 톤으로 마무리한 모티프.
마지막 단에서 빼뜨기로 연결합니다.

pattern	a	b	c
yarn	하마나카 아메리 F 〈합태사〉		
colour	― 황토색(520) ― 에크루(501)	― 그레이(523) ― 에크루(501)	― 연두색(528) ― 에크루(501)
crochet	코바늘 4/0호		
size	7cm		

Design / 미도리 노쿠마

$\vee$ = ꗠ

연결하는 법 ▶ P.119

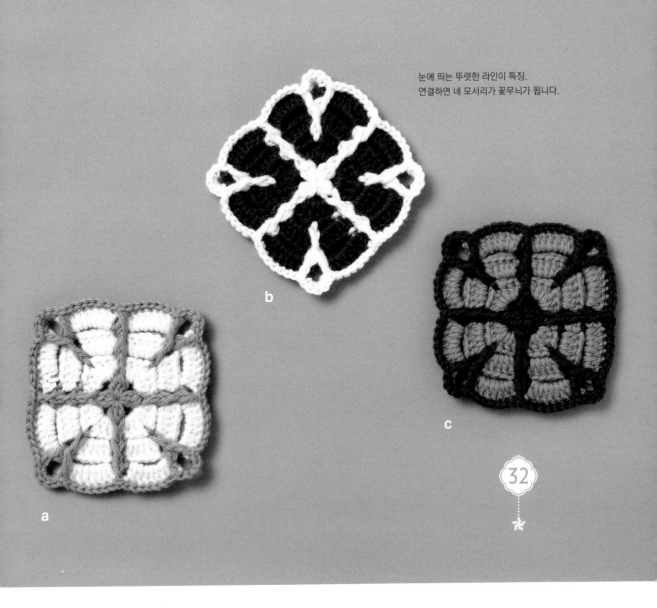

눈에 띄는 뚜렷한 라인이 특징.
연결하면 네 모서리가 꽃무늬가 됩니다.

b

c

a

32

pattern	a	b	c
yarn	리치모아 퍼센트		
colour	― 황토색(7) ― 오프화이트(1)	― 오프화이트(1) ― 감색(28)	― 감색(28) ― 황토색(7)
crochet	코바늘 4/0호		
size	10cm		

Design / 미도리 노쿠마

pattern	a	b	c
yarn	리치모아 퍼센트		
colour	— 오프화이트(1) — 오렌지(86) — 감색(47)	— 청록색(34) — 하늘색(39) — 자홍색(64)	— 라임색(14) — 연보라(59) — 녹색(32)
crochet	코바늘 5/0호		
size	지름 8cm		

Design / 미도리 노쿠마

c

창문 너머로 무늬가 보이는 듯한 디자인.
도톰하고 둥근 형태도 귀엽습니다.

a

b

yarn	하마나카 피콜로
colour	①②④⑩⑪녹색(24) ③⑤⑥⑦⑫노랑(41) ⑧⑨베이지(38) ⑬보라(31)
crochet	코바늘 4/0호
size	7.5cm

Design / 코토리야마 린코

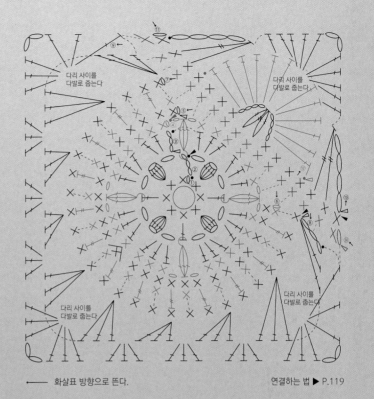

다리 사이를 다발로 줍는다

다리 사이를 다발로 줍는다

다리 사이를 다발로 줍는다

다리 사이를 다발로 줍는다

34

4장으로 다이내믹한 모양이 되는 변칙적인 디자인. P.80의 볼레로를 만들 때 사용했어요.

→ 화살표 방향으로 뜬다.

연결하는 법 ▶ P.119

pattern	a	b	c
yarn	하마나카 아메리		
colour	─ 내츄럴 화이트(20) ─ 아이스블루(10) ─ 플럼레드(32)	─ 내츄럴 화이트(20) ─ 그레이(22) ─ 청자색(37)	─ 내츄럴 화이트(20) ─ 레몬옐로우(25) ─ 라일락(42)
crochet	코바늘 5/0호		
size	9cm		

Design / Riko 리본

사슬 연결

연결하는 법 ▶ 감침질 (코 전체/안끼리 맞대기)

35
☆

b

c

a

세 가지 패턴의 배색으로 구성.
감침질로 연결했습니다.

motif	36	37
yarn	리치모아 퍼센트	
colour	— 그레이(93) — 터쿼이즈(108) — 오프화이트(1)	빨강(75)
crochet	코바늘 5/0호	
size	11 cm	4.5 cm

Design / Riko 리본

36 사슬 연결

사슬 연결

③
②
①

37

＊5번째 단의 한길긴뜨기
3코 구슬뜨기는 4번째
단을 휘감고 3번째 단을
주워서 뜬다.

연결하는 법 ▶ P.120

36

37

36

37

팔각형 모티프와 작은 모티프를 빼뜨기로 연결
하면 새로운 또 하나의 무늬가 드러납니다.

43

c

a

바탕이 될 모티프를 뜬 다음, 그 2번째 단에
꽃잎을 떠서 달아줍니다. 눈부시게 아름다
운 입체적인 모티프입니다.

b

d

〈바탕〉

사슬 연결

사슬 연결

〈꽃잎〉

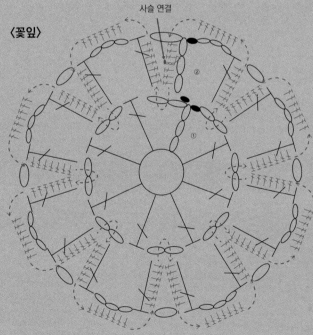

- - - -> 화살표를 따라
계속해서 뜬다.

연결하는 법 ▶
짧은뜨기로 잇기 (코 전체/안끼리 맞대기)

pattern	a	b	c	d
yarn	하마나카 워시코튼			
colour	— 연그레이(20) — 흰색(1) — 청색(42)	— 연그레이(20) — 흰색(1) — 연청색(26)	— 연그레이(20) — 흰색(1) — 청록색(31)	— 연그레이(20) — 흰색(1) — 블루그레이(12)
crochet	코바늘 5/0호			
size	8cm			

Design / Riko 리본

pattern	a	b	c
yarn	하마나카 루나몰	리치모아 퍼센트	하마나카 엑시드 울 L 〈병태사〉
colour	①②④⑥⑦흰색(11) ③⑤그레이(2)	━ 황록색(109) ━ 청색(106)	①~⑤보라(812) ⑥⑦빨강(835)
crochet	코바늘 7/0호	코바늘 6/0호	
size	12.5cm	10cm	

Design / 코토리야마 린코

39

c

b

a

전부 같은 뜨개 도안으로 만든 모티프.
실 색상을 변형하면 분위기가 확 달라집니다.

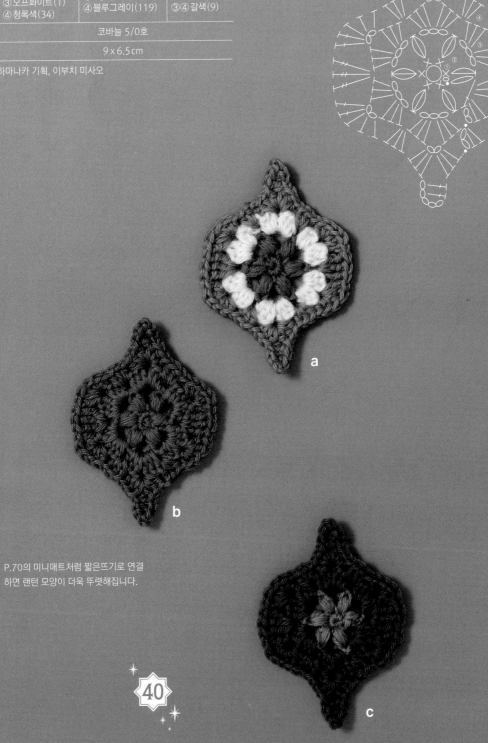

pattern	a	b	c
yarn	리치모아 퍼센트		
colour	①②청색(106) ③오프화이트(1) ④청록색(34)	①~③청색(106) ④블루그레이(119)	①②청록색(34) ③④갈색(9)
crochet	코바늘 5/0호		
size	9 x 6.5cm		

Design / 하마나카 기획, 이부치 미사오

P.70의 미니매트처럼 짧은뜨기로 연결
하면 랜턴 모양이 더욱 뚜렷해집니다.

40

pattern	a	b	c
yarn	리치모아 퍼센트		
colour	진녹색(31)	그레이(93)	오렌지(79)
crochet	코바늘 5/0호		
size	13cm 정사각형		

Design / Riko 리본

사슬 연결

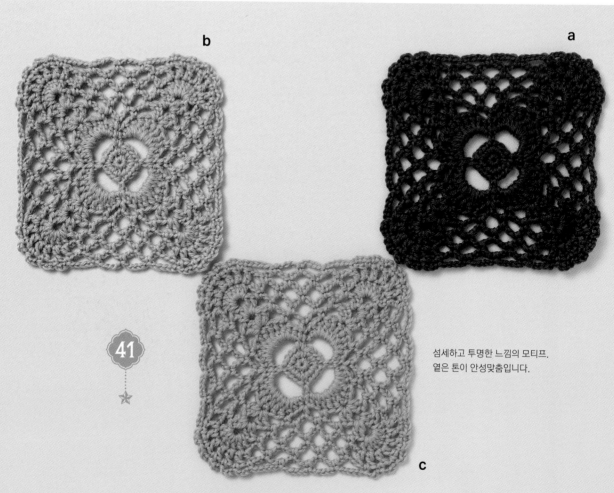

b

a

41

섬세하고 투명한 느낌의 모티프.
옅은 톤이 안성맞춤입니다.

c

pattern	a	b
yarn	리치모아 퍼센트	
colour	오렌지(79)	— 하늘색(35) — 검정색(90) — 그레이(93)
crochet	코바늘 5/0호	
size	11 cm	

Design / Riko 리본

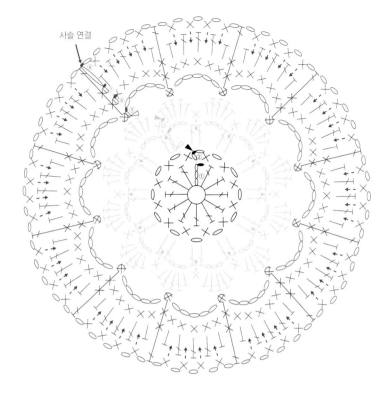

사슬 연결

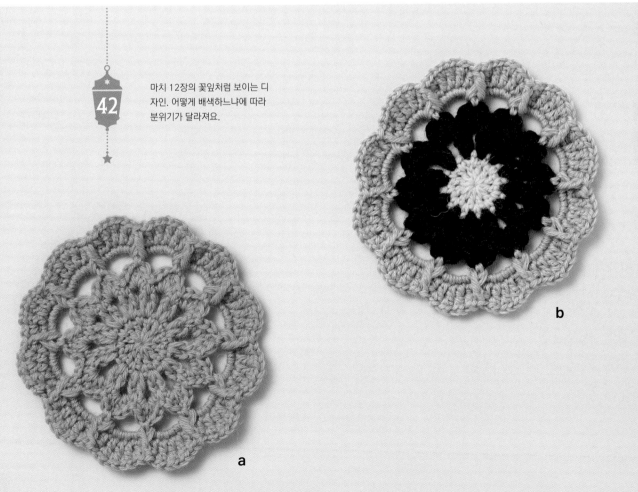

마치 12장의 꽃잎처럼 보이는 디
자인. 어떻게 배색하느냐에 따라
분위기가 달라져요.

42

a

b

motif	43								44
pattern	a	b	c	d	e	f	g		h
yarn	리치모아 퍼센트								
colour	베이지 (123)	연보라 (59)	연핑크 (67)	하늘색 (39)	베이비핑크 (70)	빨강 (75)	에메랄드 (35)	── 그레이(122)	
								── 흰색(95)	
crochet	코바늘 5/0호								
size	6cm 정사각형								

Design / Riko 리본

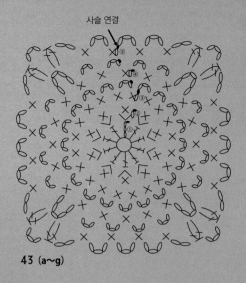

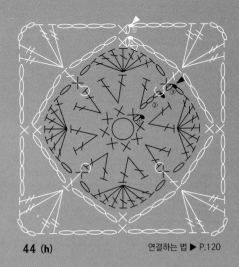

사슬 연결

43 (a~g)

44 (h)

연결하는 법 ▶ P.120

f   h

d

두 가지 모티프를 빼뜨기로 연결했습니다.
모티프 하나의 색을 통일하면 많은 색을
넣어도 세련되게 연출할 수 있어요.

a

45

a

같은 모티프로 밝은 배색과
어두운 배색을 제안. 마지막
단에서 빼뜨기로 연결해 줍니다.

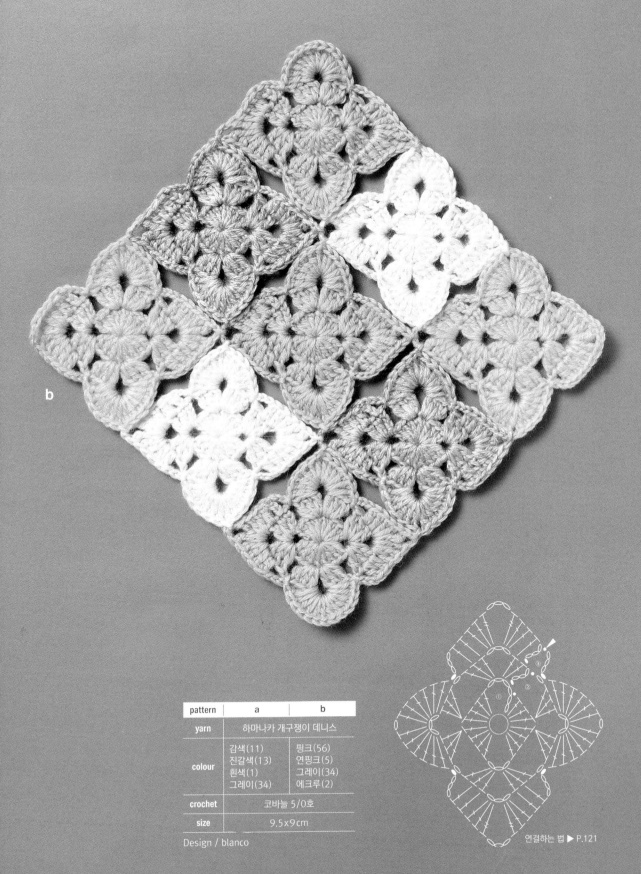

pattern	a	b
yarn	하마나카 개구쟁이 데니스	
colour	감색(11) 진갈색(13) 흰색(1) 그레이(34)	핑크(56) 연핑크(5) 그레이(34) 에크루(2)
crochet	코바늘 5/0호	
size	9.5x9cm	

Design / blanco

연결하는 법 ▶ P.121

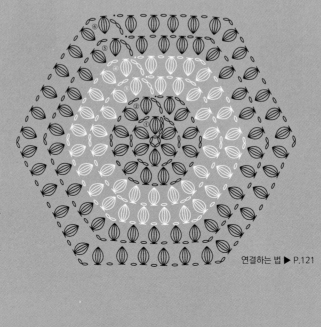

pattern	a
yarn	리치모아 퍼센트
colour	① 연핑크(67) ② 금갈색(7) ④③ 핑크(72) ⑤ 황토색(8) ⑥ 연지색(61)
crochet	코바늘 5/0호
size	9.5cm

Design / 이부치 노리코

연결하는 법 ▶ P.121

pattern	a		b	c		d	e
yarn	리치모아 퍼센트						
colour	연지색(61)	황토색(8)		핑크(72)		금갈색(7)	연핑크(67)
	연결 : 크림색(123)						
crochet	코바늘 5/0호						
size	9.5cm						

Design / 이부치 노리코

긴뜨기 5코 구슬뜨기로 뜬 벌집 모양의
모티프. 사슬뜨기를 조금 더 촘촘하게 떠서
틈새를 만들지 않는 것이 요령입니다.

f

c

h

e

b

a

d

아라베스크 무늬와 같은 타일을 표현.
작은 모티프로 연결하면 우아하게 완성됩니다.

사슬 연결

사슬 연결

47

48

연결하는 법, 뜨개 도안 ▶ P.122

g

motif	47							48
pattern	a	b	c	d	e	f	g	h
yarn	리치모아 퍼센트							
colour	하늘색(39)	에메랄드(35)	청록색(25)	흰색(95)	①②하늘색(39) ③④흰색(95) ⑤⑥청록색(25)	①②에메랄드(35) ③④흰색(95) ⑤⑥하늘색(39)	①②청록색(25) ③④흰색(95) ⑤⑥에메랄드(35)	청색(106)
crochet	코바늘 5/0호							
size	10cm							3.5cm

Design / Riko 리본

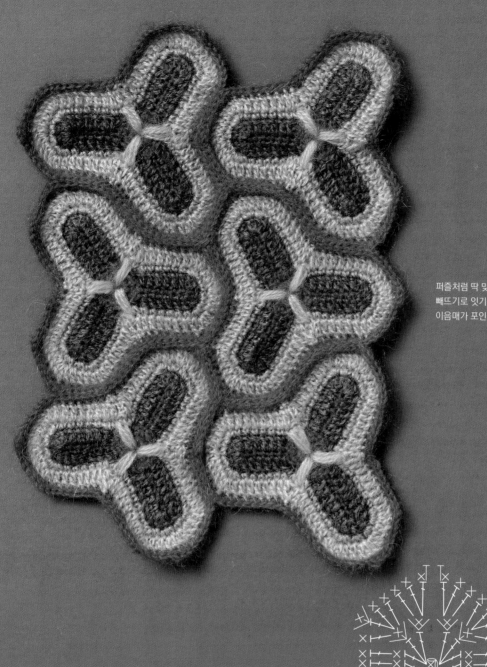

퍼즐처럼 딱 맞물려 연결되는 모티프.
빼뜨기로 잇기를 할 때 생긴 도톰한
이음매가 포인트입니다.

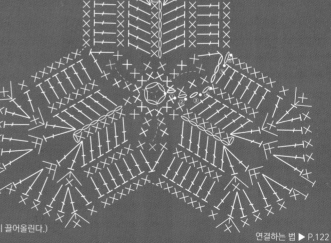

yarn	하마나카 모헤어
colour	①②⑥진핑크(49) ③녹색(102) ④노랑(31) ⑤그레이(63)
crochet	코바늘 4/0호
size	10cm

Design / 코토리야마 린코

✕ 시작코의 고리를 줍는다.
(4번째 단 높이까지 확실히 끌어올린다.)

연결하는 법 ▶ P.122

a

c

b

심플한 정사각형 모양. P.68의 담요를
만들 때 사용한 모티프입니다.

pattern	a	b	c
yarn	하마나카 아메리		
colour	①아이스블루(10) ②④내츄럴화이트(20) ③오렌지(4) ⑤⑥크림슨레드(5)	①내츄럴화이트(20) ②④블루그린(12) ③콘옐로우(31) ⑤⑥연두색(54)	①베이지(21) ②④시나몬(50) ③내츄럴화이트(20) ⑤⑥카멜(8)
crochet	코바늘 5/0호		
size	10cm		

Design / blanco

pattern	a	b
yarn	하마나카 아메리	
colour	— 내츄럴화이트(20) — 시나몬(50) — 아이스블루(10)	— 내츄럴화이트(20) — 라일락(42) — 퓨어블랙(52)
crochet	코바늘 5/0호	
size	6.5cm 정사각형	

Design / blanco

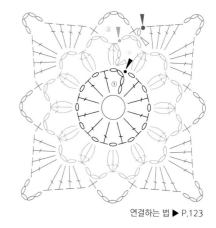

연결하는 법 ▶ P.123

51

심플한 꽃 모티프. 마지막 단에서
빼뜨기로 연결해 줍니다.

b

a

pattern	a	b	c
yarn	하마나카 워시코튼		
colour	— 모카(23) — 베이지(3) — 연핑크(8)	— 연핑크(8) — 모카(23) — 베이지(3)	— 베이지(3) — 연핑크(8) — 모카(23)
crochet	코바늘 4/0호		
size	7cm 정사각형		

Design / blanco

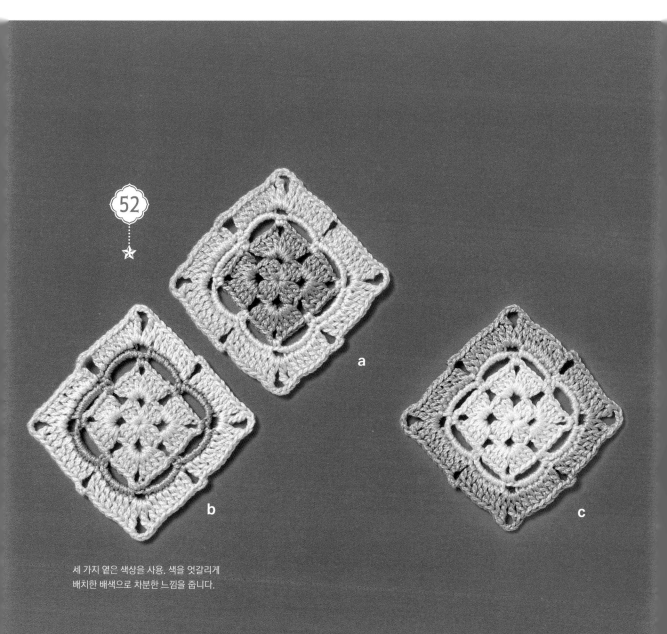

52

a

b

c

세 가지 옅은 색상을 사용. 색을 엇갈리게
배치한 배색으로 차분한 느낌을 줍니다.

pattern	a	b
yarn	하마나카 아메리	
colour	— 내츄럴화이트(20) — 아쿠아블루(11)	— 베이지(21) — 라벤더(43)
crochet	코바늘 5/0호	
size	8.5cm	

Design / blanco

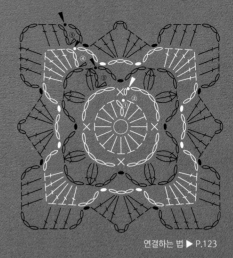

연결하는 법 ▶ P.123

두 가지 색상의 꽃잎처럼 보이는 디자인.
빼뜨기하면서 연결합니다.

a

b

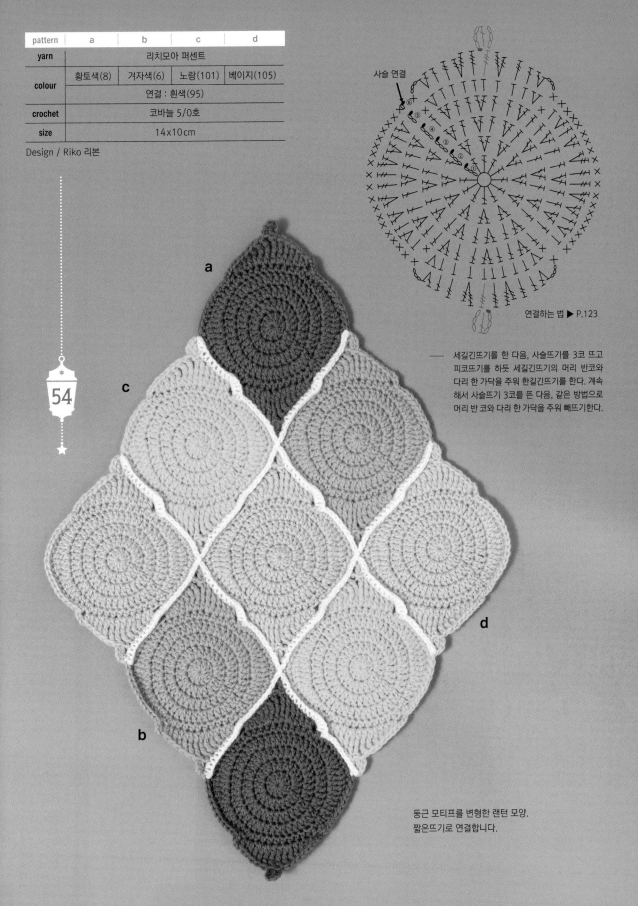

pattern	a	b	c	d
yarn	리치모아 퍼센트			
colour	황토색(8)	겨자색(6)	노랑(101)	베이지(105)
	연결 : 흰색(95)			
crochet	코바늘 5/0호			
size	14x10cm			

Design / Riko 리본

사슬 연결

연결하는 법 ▶ P.123

─── 세길긴뜨기를 한 다음, 사슬뜨기를 3코 뜨고 피코뜨기를 하듯 세길긴뜨기의 머리 반코와 다리 한 가닥을 주워 한길긴뜨기를 한다. 계속해서 사슬뜨기 3코를 뜬 다음, 같은 방법으로 머리 반코와 다리 한 가닥을 주워 빼뜨기한다.

둥근 모티프를 변형한 랜턴 모양.
짧은뜨기로 연결합니다.

모로칸 모티프 소품

모로칸 모티프로 만든 소품을 소개합니다.
모티프 2장부터 60장을 사용하는 작품까지,
장식품에서 소지품까지 라인업이 풍부합니다.

motif.10

태슬을 단 쿠션커버

그래니 스퀘어를 변형한 심플한 모티프의
쿠션커버. 네 모서리에 달린 태슬이
포인트입니다.

Design / Riko 리본
Yam / 하마나카 아메리
하마나카 워시코튼

....
How to make
▼
P.88

motif.50

모자이크 타일풍 담요

3가지 패턴의 배색을 조합한 담요.
적당한 사이즈로 일상생활은 물론 야외 활동을
할 때도 편리하게 활용할 수 있어요.

Design / blanco
Yam / 하마나카 아메리

....
How to make
▼
P.91

motif.02

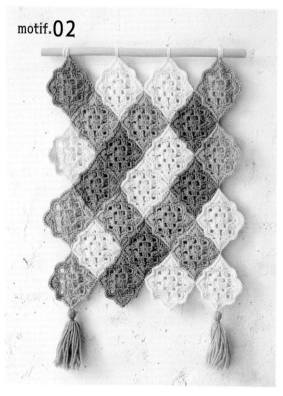

격자무늬 태피스트리

마름모꼴 모티프와 나무 봉을 조합한
태피스트리. 좌우 양 끝에 달린 태슬이
균형추의 역할을 해줍니다.

Design / 미도리 노쿠마
Yam / 리치모아 퍼센트
····································
How to make ▶ P.92

motif.40

랜턴 모양 미니매트

모로칸 디자인의 기본인 랜턴형 모티프가
인상적. 모티프의 개수를 늘리면 원하는
크기와 모양으로 변형할 수 있어요.

Design / 하마나카 기획, 이부치 미사오
Yam / 하마나카 아메리
····································
How to make ▶ P.94

motif. 18

공작 스톨
공작의 깃털을 형상화한 모티프를
금색 실로 연결한 화려한 스톨.
테이블 러너로도 추천합니다.

Design / 코토리야마 린코
Yam / 하마나카 워시코튼, 리치모아 서스펜스

How to make ▶ P.96

motif.39

모자이크 타일풍 가방

무늬가 둥실 떠오르는 듯한 입체감 있는 모티프를
한 가지 색상으로 떠서 완성한 그래니백.
사이즈감과 색감, 사용성까지 뛰어납니다.

Design / 코토리야마 린코
Yam / 하마나카 에코 안다리아

How to make ▶ P.98

꽃 모티프 바부슈

풍성한 꽃 모티프를 달아 장식한
바부슈. 신발창으로 펠트를 사용해
맨발로 신어도 감촉이 좋답니다.

Design / Riko 리본
Yam / 하마나카 워시코튼,
리치모아 서스펜스

How to make
▼
P.100

motif.13

컬러풀한 그래니백

8가지 패턴의 마름모 모티프로
구성된 그래니백. 가방 입구의 구슬뜨기와
사슬뜨기로 잇기 등, 디테일에
신경을 많이 쓴 디자인입니다.

Design / 타카기 유키
Yam / 리치모아 퍼센트

How to make
▼
P.101

motif.40

작은 복주머니 가방

미니매트(P.70)와 같은 모티프로 만든 복주머니 가방.
간식 주머니나 화장품 파우치로
가방에 휴대하고 싶은 아이템입니다.

Design / 하마나카 기획, 이부치 미사오
Yam / 하마나카 아메리 F 〈합태사〉,
아메리 F 〈라메〉

How to make ▶ P.104

motif.26

작은 핀쿠션

모티프 2장을 맞댄 다음, 수예용 솜만
채우면 완성되는 간단함이 매력적입니다.
네 모서리에 달린 작은 태슬이 포인트.

Design / 미도리 노쿠마
Yam / 리치모아 퍼센트

How to make ▶ **P.106**

motif.34

마거리트 무늬 볼레로

40장의 모티프로 만든 볼레로. 4장으로 하나의
무늬가 완성되는 모로코 타일 같은 모티프와
규칙적인 무늬의 가장자리뜨기가 눈길을 끕니다.

Design / 코토리야마 린코
Yarn / 하마나카 엑시드울 L 〈병태사〉

How to make
▼
P.107

motif.**14**

사각형 모티프 스누드

두 겹으로 만들어 머리부터 쓰는 타입.
짧은뜨기와 구슬뜨기로 뜨는 심플한 모티프를
다양한 배색을 통해 다른 분위기로 즐길 수 있어요.

Design / 타카기 유키
Yam / 하마나카 아메리,
소노모노 로얄알파카

How to make
▼
P.109

2WAY 백

모티프 1장을 크게 떠서 조합한 가방.
사용하기 편하게 대나무 손잡이와 어깨끈을
달아 2way 타입으로 만들었어요.

Design / Riko 리본
Yam / 하마나카 에코 안다리아,
워시코튼 〈크로셰〉

How to make
▼
P.110

모티프 연결하는 법

모로칸 모티프를 연결하는 7가지 패턴을 소개합니다.
마지막 단에서 뜨면서 연결하는 방법, 다 뜬 다음 한꺼번에 연결하는 방법이 있습니다.

〈뜨면서 연결한다〉

◆ 바늘을 뺐다가 다시 넣어 빼뜨기로 연결한다

01 모티프 B를 연결할 위치의 바로 앞까지 뜬다.

02 바늘을 일단 뺀 다음, 모티프 A의 사슬뜨기 다발에 바늘을 위쪽에서 넣는다.

03 모티프 B의 원래 자리에 바늘을 다시 넣는다.

04 03에서 바늘을 다시 넣은 모티프 B의 코를 모티프 A의 다발로 끌어낸다.

05 바늘에 실을 걸고 빼뜨기 1코를 뜬다.

06 뜨개 도안대로 연결할 위치의 바로 앞까지 뜬다.

07 02~05를 반복하여 빼뜨기로 연결한다.

08 모티프 B를 마지막까지 뜬다.

◆ 빼뜨기로 연결한다

모티프 A

모티프 B

01 모티프 B를 연결할 위치의 바로 앞까지
뜬 다음, 모티프 A의 사슬뜨기 다발에
바늘을 위쪽에서 넣는다.

02 바늘에 실을 걸고 화살표 방향으로 빼
낸다.

03 빼뜨기 1코로 연결한 부분.

04 뜨개 도안대로 연결할 위치 바로 앞까
지 뜬다.

05 같은 방법으로 빼뜨기를 1코 뜬다.

06 모티프 B를 마지막까지 뜬다.

〈마지막 단까지 뜬 다음, 코바늘로 연결한다〉

◆ 빼뜨기와 사슬뜨기로 연결한다

모티프 A

모티프 B

01 모티프 B에 새로운 실을 연결한 다음,
사슬뜨기를 2코 뜬다.

02 모티프 A의 마지막 단의 코머리 위에서
바늘을 넣고 빼뜨기로 연결한다.

03 사슬뜨기를 2코 뜬다.

04 모티프 B의 3번째 코에 빼뜨기를 1코 뜬다.

05 사슬뜨기를 2코 뜨고, 모티프 A의 3번째 코에 빼뜨기를 1코 뜬다.

06 02~05를 반복한다.

◆ 겉끼리 맞대고 바깥쪽 반 코를 짧은뜨기로 연결한다

바깥쪽
반 코

01 모티프의 겉끼리 맞댄다.

02 모티프 2장의 바깥쪽 반 코에 바늘을 넣는다.

03 새로운 실을 연결한 다음, 기둥코인 사슬 1코를 뜬다.

04 짧은뜨기를 1코 뜬다.

05 다음 반 코끼리 맞대고 짧은뜨기로 꿰맨다.

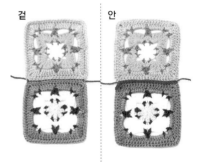

겉   안

06 겉과 안에서 본 모습.

◆ 안끼리 맞대고 코 전체를 빼뜨기로 연결한다

01 모티프를 안끼리 맞대고 모티프 2장의 머리 사슬코 전체에 바늘을 넣는다.

02 새 실을 바늘에 걸어 빼낸다.

03 다음 코 전체에 바늘을 넣고 실을 건다.

04 빼뜨기를 한다.

05 03,04를 반복하여 빼뜨기로 꿰맨다.

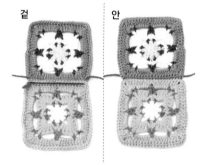

06 겉과 안에서 본 모습.

〈 마지막 단까지 뜬 다음 돗바늘로 연결한다 〉

◆ 겉이 보이게 맞추고 코 전체를 감침질한다

01 모티프 2장을 겉이 보이게 대고, 실을 꿴 돗바늘을 코 전체에 넣는다.

02 실을 통과시켜 다음 코도 오른쪽에서 왼쪽으로 바늘을 넣는다.

03 02를 반복한다.

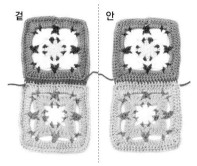

04 겉과 안에서 본 모습.

◆ 겉이 보이게 맞추고 바깥쪽 반 코를 감침질한다

＊ P.127도 읽어보세요.

01 모티프 2장을 겉이 보이게 대고, 실을 꿴 돗바늘을 바깥쪽 반 코에 넣는다.

02 실을 통과시켜 다음 코도 오른쪽에서 왼쪽으로 바깥쪽 반 코끼리 바늘을 넣는다.

03 02를 반복한다.

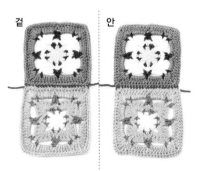

04 겉과 안에서 본 모습.

motif.10 태슬을 단 쿠션커버 P.68

[실] 하마나카 아메리 내추럴 화이트(20) 130g,
차콜그레이(30) 120g, 콘옐로우(31) 20g
하마나카 워시코튼 보라(41) 30g

[바늘] 코바늘 6/0호(모티프),
5/0호(가장자리뜨기), 돗바늘

[기타] 쿠션 솜(45×45cm) 1개

[크기] 41cm 정사각형

[만드는 법]

① 코바늘 6/0호로 〈연결하는 법 1~3〉과 같이 모티프
를 연결하면서 뜬다. 〈연결하는 법 3〉의 가장자리뜨
기는 콘옐로우실, 코바늘 5/0호로 뜬다.

② 3장의 뜨개바탕을 겹친다.(뜨개바탕 겹치는 법 참조)

③ 코바늘 5/0호를 사용하여 뜨개바탕을 3장 겹친 상
태에서 가장자리뜨기를 한다.(P.90 가장자리뜨기
참조)

④ 태슬 4개를 만들어 본체의 네 모서리에 단다.(P.90
태슬 만드는 법 참조)

⑤ 커버에 쿠션 솜을 넣는다.

〈연결하는 법 1〉

◀실 자르기

25	24	23	22	21
20	19	18	17	16
15	14	13	12	11
10	9	8	7	6
5	4	3	2	1

＊ 홀수는 (20), 짝수는 (30)으로 뜬다.

┗⋯ 화살표 끝의 코를 빼뜨기로 연결한다.

┗⋯ 화살표 끝을 빼뜨기로 연결한다.

〈연결하는 법 2〉

20	19	18	17	16
15	14	13	12	11
10	9	8	7	6
5	4	3	2	1

＊ 홀수는 (20), 짝수는 (30)으로 뜬다.

┗⋯ 화살표 끝의 코를 빼뜨기로 연결한다.

┗⋯ 화살표 끝을 빼뜨기로 연결한다.

〈연결하는 법 3〉

◁ 실 잇기
◀ 실 자르기

15	14	13	12	11
10	9	8	7	6
5	4	3	2	1

＊ 홀수는 (20), 짝수는 (30), 가장자리뜨기는 (31)로 뜬다.

┗⋯ 화살표 끝의 코를 빼뜨기로 연결한다.

┗⋯ 화살표 끝을 빼뜨기로 연결한다.

〈모티프〉

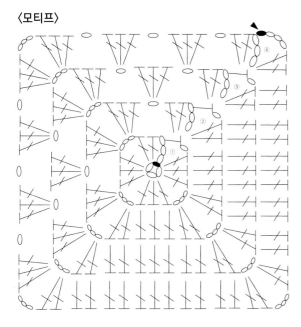

① ② ③ ④

---

d ————————————— c

15	14	13	12	11
10	9	8	7	6
5	4	3	2	1

〈뜨개바탕 겹치는 법〉

c ————————————— d

21	16	11	6	1
22	17	12	7	2
23	18	13	8	3
24	19	14	9	4
25	20	15	10	5

b

20	19	18	17	16
15	14	13	12	11
10	9	8	7	6
5	4	3	2	1

b ————————————— a

a, b의 모서리를 뜨개바탕의 안끼리 맞댄다.
그 위에 c, d의 모서리를 뜨개바탕의 안끼리 맞댄다.
뜨개바탕 3장을 맞댔으면 가장자리뜨기 도안대로 테두리를 뜬다.

〈가장자리뜨기〉(31)

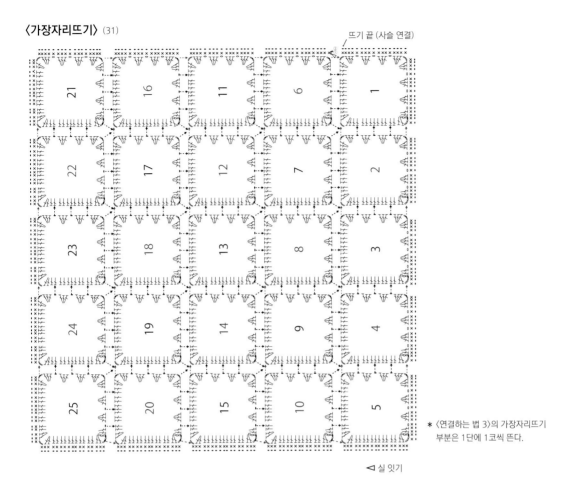

뜨기 끝 (사슬 연결)

21	16	11	6	1
22	17	12	7	2
23	18	13	8	3
24	19	14	9	4
25	20	15	10	5

＊ 〈연결하는 법 3〉의 가장자리뜨기
부분은 1단에 1코씩 뜬다.

◁ 실 잇기

〈태슬 만드는 법〉(41) 4개

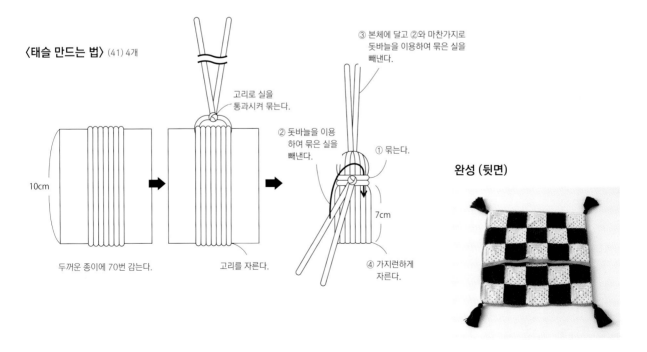

고리로 실을
통과시켜 묶는다.

③ 본체에 달고 ②와 마찬가지로
돗바늘을 이용하여 묶은 실을
빼낸다.

② 돗바늘을 이용
하여 묶은 실을
빼낸다.

① 묶는다.

10cm

두꺼운 종이에 70번 감는다.

고리를 자른다.

7cm

④ 가지런하게
자른다.

완성 (뒷면)

motif.50 모자이크 타일풍 담요

P.68

[실] 하마나카 아메리 그레이(22) 28g,
　　　 콘옐로우(31) 32g, 내추럴화이트(20) 75g,
　　　 잉크블루(16) 106g

[바늘] 코바늘 5/0호, 돗바늘

[크기] 64cm 정사각형

[만드는 법]
① 모티프 A, B, C를 지정된 수량만큼 뜬다.
　 (배색표 참조)
② 모티프를 그림 1과 같이 배치해서 감침질로
　 연결한다.
③ 모티프에서 코를 주워 가장자리뜨기를 한다.
　 (연결하는 법과 가장자리뜨기 참조)

〈모티프〉 B 배색

◀ 실 자르기

〈그림 1〉

(가장자리뜨기)

2cm(2단)

60cm

2cm(2단)

A	A	A	A	A	A
A	B	B	B	B	A
A	B	C	C	B	A
A	B	C	C	B	A
A	B	B	B	B	A
A	A	A	A	A	A

▪▪▪▪▪▪ (22)로 연결한다.
▪▪▪▪▪▪ (20)으로 연결한다.
▪▪▪▪▪▪ (16)으로 연결한다.

〈연결하는 법과 가장자리뜨기〉

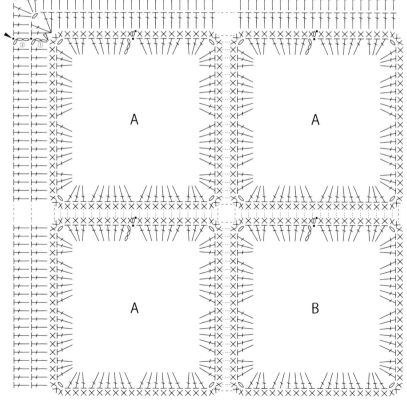

A　　A

A　　B

◁ 실 잇기
◀ 실 자르기

뜨개바탕의 겉면끼리 맞추고,
마지막 단의 바깥쪽 반 코끼리 감침질로 연결한다.
(P.87 참조)

배색표

단수	A배색	B배색	C배색
①번째 단	(22)		(16)
②④번째 단	(31)	(20)	(20)
③번째 단	(20)		(31)
⑤⑥번째 단	(16)		(22)
매수	20매	12매	4매

＊ A배색, C배색은 P.61의 뜨개 도안 참조

motif.02 격자무늬 태피스트리

P.70

[실] 리치모아 퍼센트 다크그레이시그린(23) 30g,
그레이시그린(22) 38g, 에크루(1) 32g

[바늘] 코바늘 5/0호, 돗바늘

[기타] 나무봉(지름 1.3cm, 길이 33cm) 1개

[크기] 36×32cm

[만드는 법]
① 그림 1과 같이 모티프를 연결하면서 번호순으로 뜬
다.(연결하는 법 참조)
② 위쪽 4장의 모티프를 나무봉에 끼운다.
③ 태슬 2개를 만든다.(태슬 만드는 법 참조)
④ 4(B)와 25(C) 모티프에 태슬을 단다.(그림 1참조)

〈모티프〉

A배색	B배색	C배색
(23)	(22)	(1)

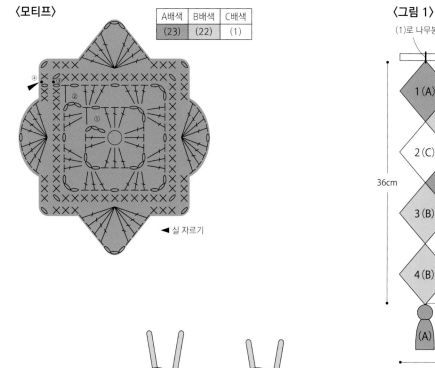

◀ 실 자르기

〈그림 1〉

(1)로 나무봉에 매달아준다.

태슬을 단다.

36cm

32cm

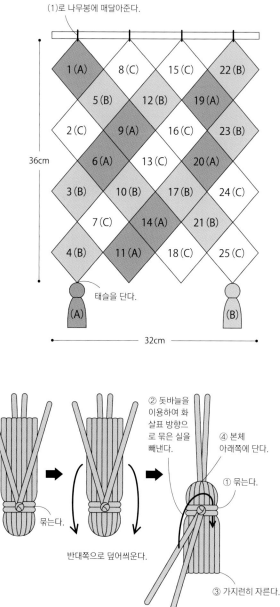

〈태슬 만드는 법〉
(22) (23) 각 1개

12cm

두꺼운 종이에 실을
20번 감는다.

고리로 실을
통과시켜 묶는다.

고리를 자른다.

묶은 실
방향으로
덮어씌운다.

묶는다.

반대쪽으로 덮어씌운다.

② 돗바늘을
이용하여 화
살표 방향으
로 묶은 실을
빼낸다.

④ 본체
아래쪽에 단다.

① 묶는다.

③ 가지런히 자른다.

92

〈연결하는 법〉

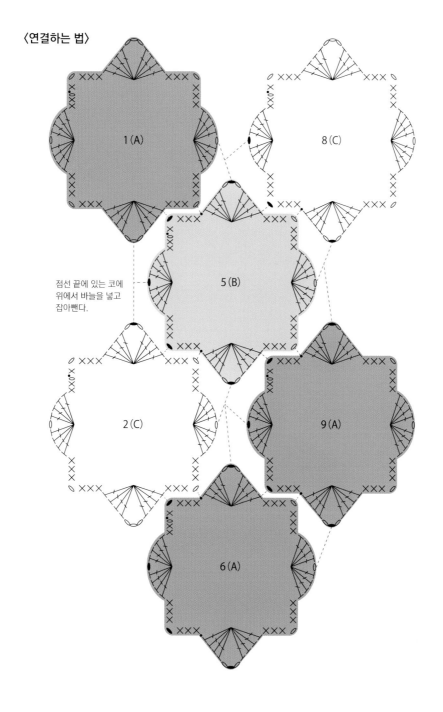

점선 끝에 있는 코에
위에서 바늘을 넣고
잡아뺀다.

1(A)

8(C)

5(B)

2(C)

9(A)

6(A)

P.70

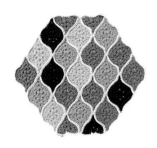

[실] 하마나카 아메리 흰색(51) 10.5g,
퍼플(18) 10g, 버지니아 블루벨(46) 12g,
아쿠아블루(11) 15g, 민트블루(45) 12g,
옐로오커(41) 13.5g,

[바늘] 코바늘 5/0호, 돗바늘

[크기] 33×37.5cm

[만드는 법]
① 모티프 A를 19장, 모티프 B를 4장 뜬 다음, 그림 1
과 같이 배치한다.
② 모티프끼리 겉과 겉을 맞대고, ①~⑧ 순으로 짧은뜨
기로 연결한다.(연결하는 법, 그림 1 참조)
③ 본체에서 코를 주워 짧은뜨기로 가장자리뜨기를 한
다. (연결하는 법 참조)

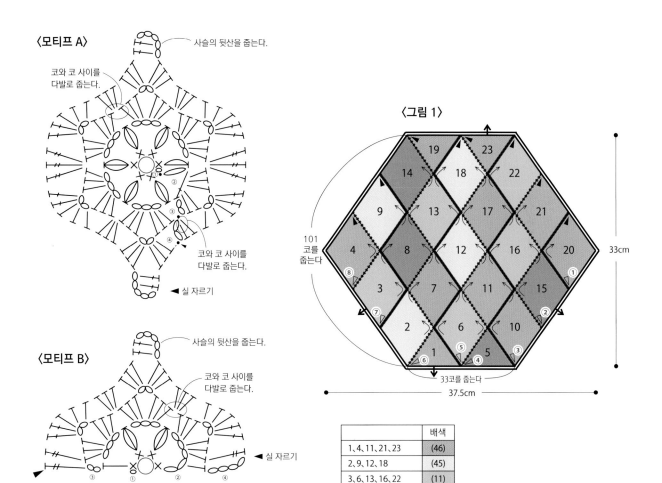

〈모티프 A〉

사슬의 뒷산을 줍는다.

코와 코 사이를 다발로 줍는다.

②
③
④

코와 코 사이를 다발로 줍는다.

◀ 실 자르기

〈모티프 B〉

사슬의 뒷산을 줍는다.

코와 코 사이를 다발로 줍는다.

◀ 실 자르기

③ ① ② ④

〈그림 1〉

101
코를
줍는다

33cm

37.5cm

33코를 줍는다

	배색
1、4、11、21、23	(46)
2、9、12、18	(45)
3、6、13、16、22	(11)
5、8、14、15	(18)
7、10、17、19、20	(41)

〈연결하는 법〉 (51)로 짧은뜨기로 연결한다.

중앙

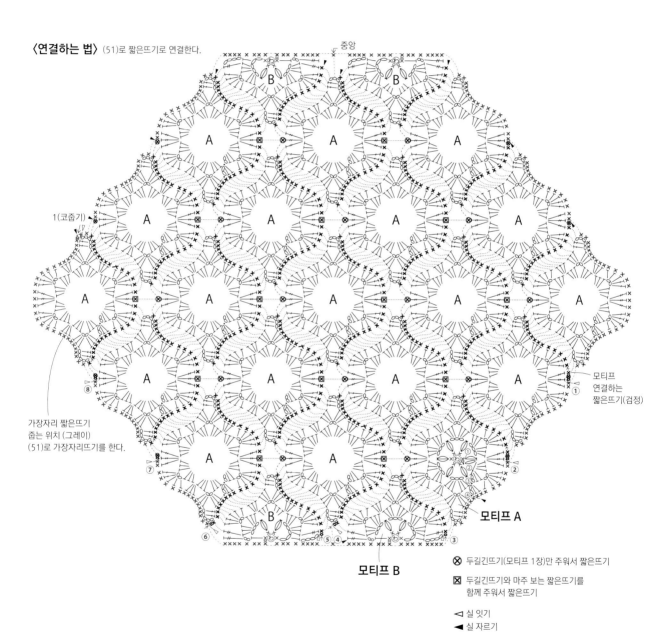

1(코줍기)

가장자리 짧은뜨기
줍는 위치 (그레이)
(51)로 가장자리뜨기를 한다.

모티프
연결하는
짧은뜨기(검정)

모티프 A

모티프 B

⊗ 두길긴뜨기(모티프 1장)만 주워서 짧은뜨기

⊠ 두길긴뜨기와 마주 보는 짧은뜨기를
　 함께 주워서 짧은뜨기

◁ 실 잇기
◀ 실 자르기

motif.18 공작 스톨 P.72

[실] 하마나카 워시코튼 황록색(30) 45g,
청색(42) 60g, 하늘색(26) 45g,
노랑색(27) 35g
리치모아 서스펜스 금색(2) 80g

[바늘] 코바늘 6/0호, 4/0호, 돗바늘

[크기] 21 x 100 cm

[만드는 법]
① 모티프를 27장 뜬다.
② 모티프를 그림 1과 같이 배치하고 가장자리뜨기로
9장을 연결한다. 이것을 3장 만든다.
③ 3장을 짧은뜨기와 사슬뜨기로 이어준다.
(연결하는 법과 가장자리뜨기 참조)

〈그림 1〉

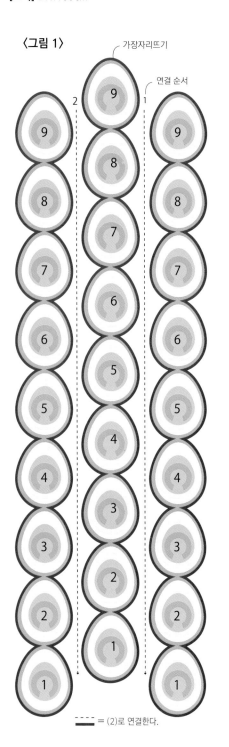

가장자리뜨기

연결 순서

- - - - = (2)로 연결한다.

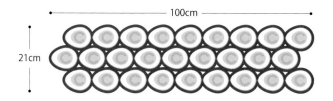

100cm

21cm

단수	배색
①③번째 단	(30)
②⑥번째 단	(42)
④번째 단	(26)
⑤번째 단	(27)

〈모티프〉

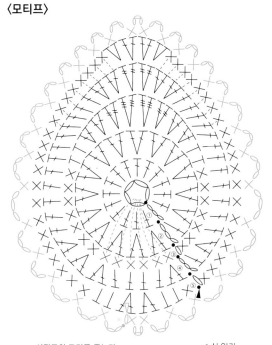

✕ 시작코의 고리를 줍는다.
(3번째 단의 높이까지 확실하게 끌어올린다.)

◁ 실 잇기
◀ 실 자르기

〈연결하는 법과 가장자리뜨기〉 (2)로 연결한다.

그림 1을 참조해서 1~9까지 가장자리뜨기로
연결한 다음, 이것을 3장 만든다. 3장을 짧은
뜨기 1코와 사슬뜨기 1코로 잇는다.

왼쪽 모티프는 전부
안쪽 면에서 줍는다.

왼쪽 모티프는 전부
안쪽 면에서 줍는다.

짧은뜨기와 짧은뜨기 사이에
사슬뜨기 1코를 넣으면서 맞춘다.

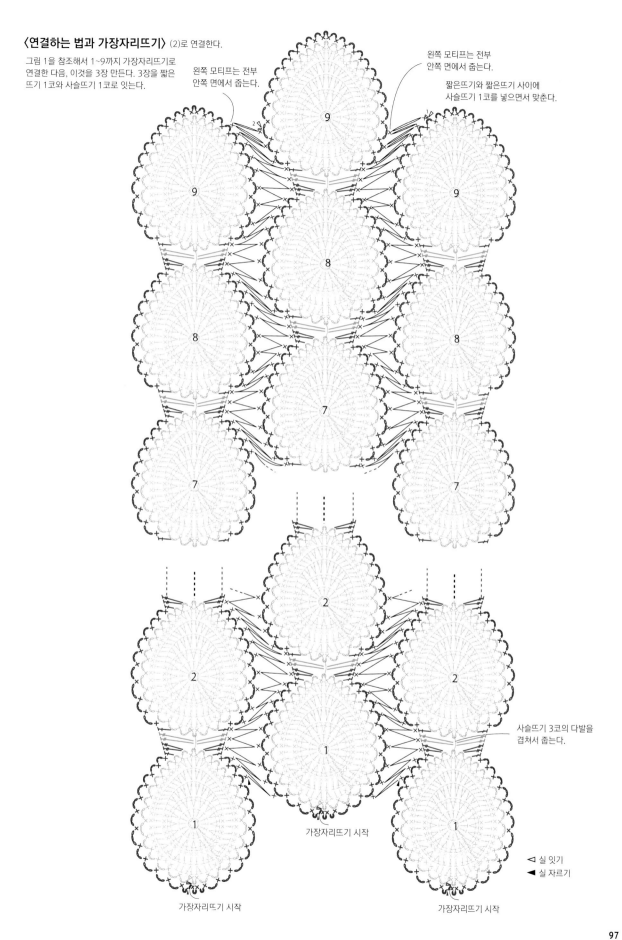

사슬뜨기 3코의 다발을
겹쳐서 줍는다.

가장자리뜨기 시작

가장자리뜨기 시작

가장자리뜨기 시작

◁ 실 잇기
◀ 실 자르기

motif.39 모자이크 타일풍 가방

P.74

[실] 하마나카 에코 안다리아 베이지(23) 320g

[바늘] 코바늘 6/0호, 돗바늘

[기타] 우드링 (내경 3.8cm) 4개

[크기] 32×44cm

[만드는 법]

① 모티프를 17장 뜬다.

② 모티프를 그림 1과 같이 배치한 다음, 빼뜨기로 잇는다.

③ 가방 입구를 가장자리뜨기 한다.(연결하는 법과 가장자리뜨기 참조)

④ 손잡이 2개와 우드링 장착용 부품을 4장 뜬 다음, 지정 위치에 단다.(손잡이와 장착용 부품을 조립하는 법, 그림 1 참조)

〈모티프〉

◀ 실 자르기

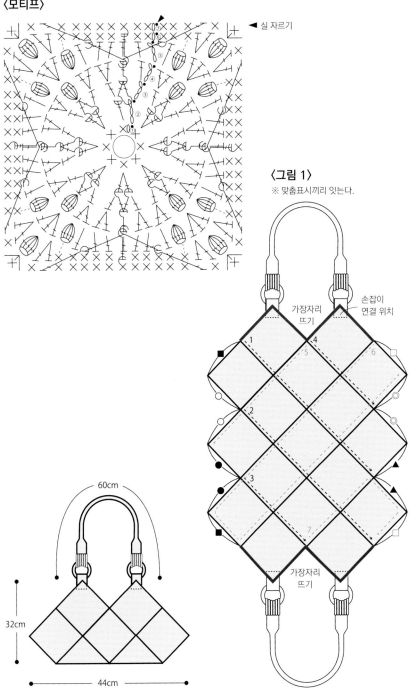

〈그림 1〉
※ 맞춤표시끼리 잇는다.

가장자리
뜨기

손잡이
연결 위치

가장자리
뜨기

〈손잡이〉(2개)

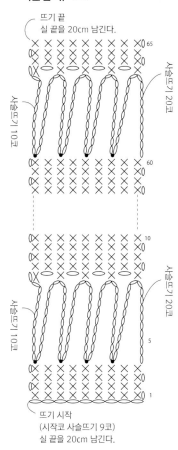

뜨기 끝
실 끝을 20cm 남긴다.

뜨기 시작
(시작코 사슬뜨기 9코)
실 끝을 20cm 남긴다.

60cm

32cm

44cm

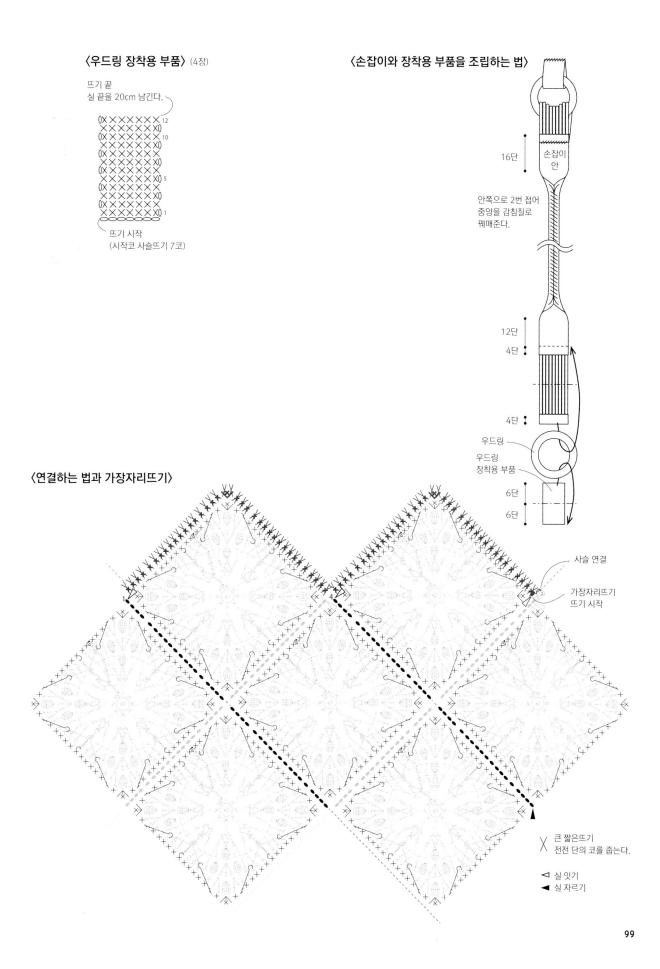

〈우드링 장착용 부품〉 (4장)

뜨기 끝
실 끝을 20cm 남긴다.

12
10
5
1

뜨기 시작
(시작코 사슬뜨기 7코)

〈손잡이와 장착용 부품을 조립하는 법〉

16단

손잡이
안

안쪽으로 2번 접어
중앙을 감침질로
꿰매준다.

12단
4단

4단

우드링

우드링
장착용 부품

6단
6단

〈연결하는 법과 가장자리뜨기〉

사슬 연결

가장자리뜨기
뜨기 시작

X 큰 짧은뜨기
   전전 단의 코를 줍는다.

◁ 실 잇기
◀ 실 자르기

motif.38 꽃 모티프 바부슈

a

b

[실] a: 하마나카 워시코튼 담녹색(37) 60g,
하늘색(26) 15g
리치모아 서스펜스 실버(1) 8g
b: 하마나카 워시코튼 보라(41) 60g,
연보라(32) 15g
리치모아 서스펜스 핑크(16) 8g

[바늘] 코바늘 4/0호, 돗바늘

[기타] 실내화 바닥용 펠트 (H204-630)

[크기] 24.5cm

[만드는 법]
＊ 모티프의 꽃잎 부분만 2가닥으로 뜬다.
① 모티프를 2장 뜬다. 워시코튼으로(26 또는 32) 모
티프의 바탕을 뜬다. 꽃잎(서스펜스)은 실이 엉키지
않도록 미리 4g을 따로 뺀 다음, 실타래의 실과 합
쳐 2가닥으로 모티프의 바탕 2번째 단에 뜬다. 다
뜬 후에는 모든 실 처리를 마무리해 놓는다.
② 본체를 뜬다. 중간에 모티프를 붙이고, 뜨개 도안대
로 18번째 단까지 뜬 다음, 실을 처리한다. 19번째
단에서 본체와 펠트 바닥을 합친다.
③ 같은 방법으로 나머지 한쪽을 만든다.

〈모티프 바탕〉 a: (26), b: (32)

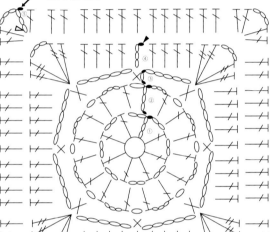

뜨기 끝 (사슬 연결)

◁ 실 잇기
◀ 실 자르기

＊ 바탕의 2번째 단에 꽃잎을 뜬다.

〈꽃잎〉 (2가닥) a: (1), b: (16)

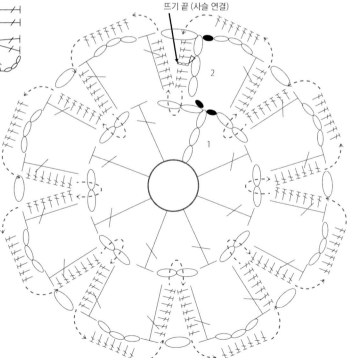

뜨기 끝 (사슬 연결)

←--- 화살표 끝을 계속해서 뜬다.　◁ 실 잇기

100

〈본체〉

a: (37), b: (41)

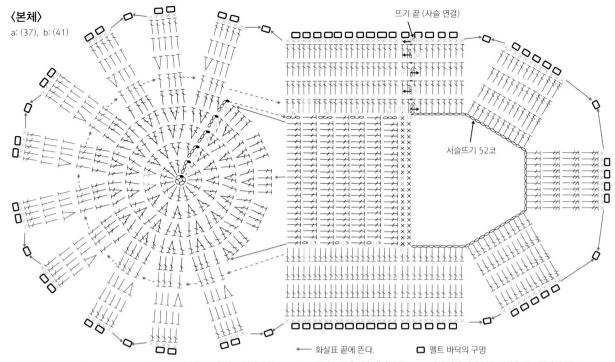

뜨기 끝 (사슬 연결)

사슬뜨기 52코

← 화살표 끝에 뜬다.

◄--- 화살표 끝을 계속해서 뜬다.

☐ 펠트 바닥의 구멍

× 본체 안쪽 면에 펠트 바닥을 대고 앞단과 펠트 바닥의 구멍을 주워서 뜬다. 펠트 바닥의 구멍 하나에 짧은뜨기 2코를 한다.

* 가장자리뜨기 기호는 모티프 네 모서리의 사슬뜨기 3코를 함께 주워서 뜬다.
* 15번째 단 이후의 기둥코는 1코로 세지 않는다.
* 15번재 단, 앞단의 사슬뜨기의 한길긴뜨기는 뒷산을 주워서 뜬다.
* 19번째 단을 뜨기 전에 모든 실 처리를 마무리해 둔다.

---

motif.13 컬러풀한 그래니백   P.77

[실] 리치모아 퍼센트 흰색(95) 115g,
크림색(2) 12g, 진핑크(65) 12g,
그린(17) 10g, 연보라(59) 10g,
청록색(34) 10g, 금갈색(7) 10g,
그레이(121) 8g, 연핑크(69) 8g

[바늘] 코바늘 5/0호, 돗바늘

[크기] 도안 참조

[만드는 법]
① 모티프 A를 46장, 모티프 B(삼각)를 2장 뜬다.
② 그림 1(P.102)과 같이 배치한 다음, 사슬뜨기로 연결한다.
③ 본체에서 코를 주워 가방 입구를 2군데 뜬다.
(P.103 가방 입구 가장자리뜨기 참조)
④ 본체, 가방 입구에서 코를 주워 손잡이를 뜬다.
(P.103 손잡이 뜨는 법 참조)

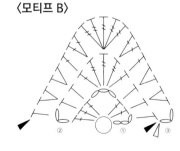

〈모티프 A〉

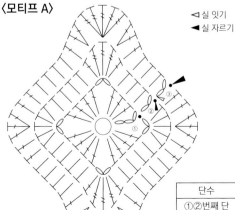

◁ 실 잇기
◀ 실 자르기

〈모티프 B〉

단수	A배색	B배색
①②번째 단	(95)	(95)
③번째 단	(2)	(65)
	1장	1장

단수	A배색	B배색	C배색	D배색	E배색	F배색	G배색	H배색
①②번째 단	(95)	(95)	(95)	(95)	(95)	(95)	(95)	(95)
③번째 단	(2)	(65)	(69)	(17)	(59)	(34)	(7)	(121)
	6장	6장	5장	6장	6장	6장	6장	5장

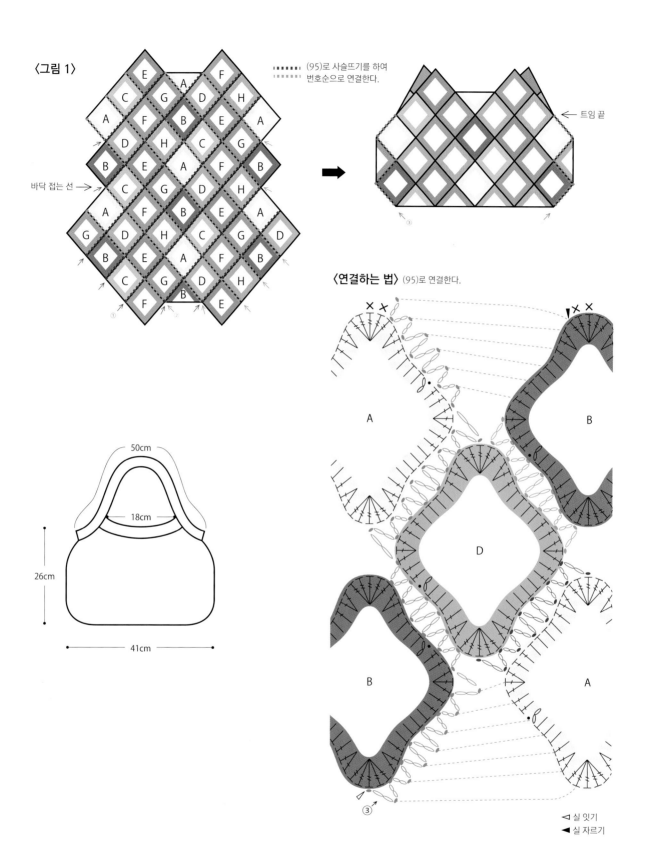

〈그림 1〉

(95)로 사슬뜨기를 하여
번호순으로 연결한다.

바닥 접는 선 →

트임 끝 ←

50cm

18cm

26cm

41cm

〈연결하는 법〉 (95)로 연결한다.

A

B

D

B

A

◁ 실 잇기
◀ 실 자르기

102

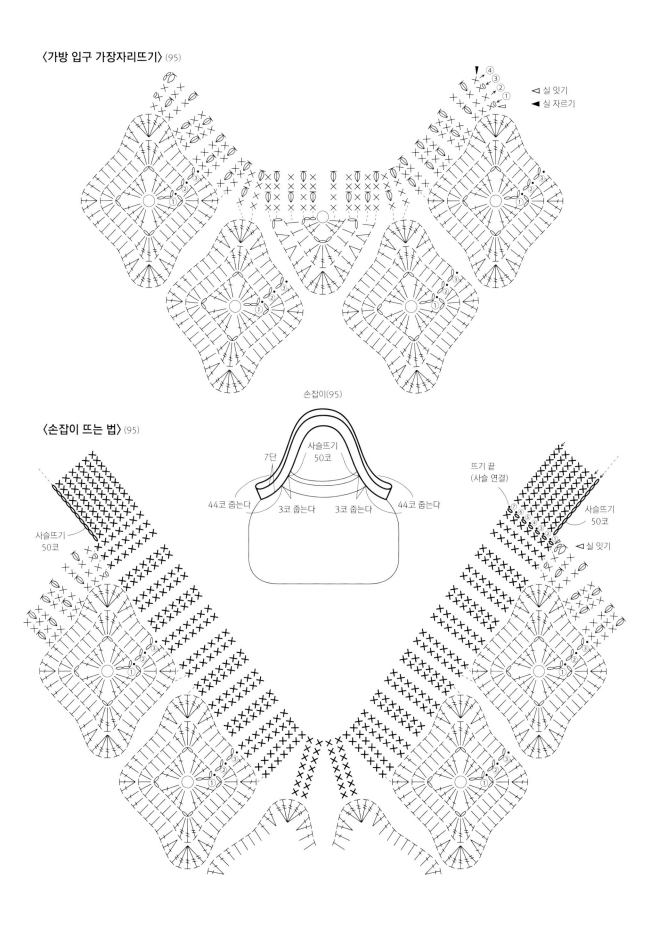

〈가방 입구 가장자리뜨기〉(95)

▷ 실 잇기
▶ 실 자르기

손잡이(95)

〈손잡이 뜨는 법〉(95)

사슬뜨기
50코

7단
사슬뜨기
50코

44코 줄는다
3코 줄는다
3코 줄는다
44코 줄는다

뜨기 끝
(사슬 연결)

사슬뜨기
50코

▷ 실 잇기

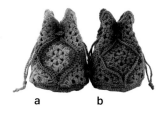

[실] a: 하마나카 아메리 F〈합태사〉 자홍색(525) 2g,
베이지(520) 4g, 청록색(515) 9g
아메리 F〈라메〉그레이(611) 4g
b: 아메리 F〈라메〉그레이(611) 21g

[바늘] 코바늘 4/0호, 돗바늘

[크기] 그림 참조

[만드는 법]

① 모티프 A, B, C를 각각 4장씩 뜬다.
② 모티프끼리 안과 안을 맞대고 그레이 실을 사용하여 ①~④순으로 짧은뜨기로 연결한다. (연결하는 법, 그림 1참조)
③ 본체에서 코를 주워 바닥쪽에 짧은뜨기를 1단 뜬다.
④ 한길긴뜨기로 바닥을 뜬다. (P.105 바닥 도안 참조)
⑤ 본체와 바닥을 겉끼리 맞댄 다음, 짧은뜨기로 잇대어 합친다. (본체와 바닥 합치는 법 참조)
⑥ 끈을 2개 뜬 다음, 지정 위치에 끼우고 끝을 한 매듭 해준다. (마무리하는 법 참조)

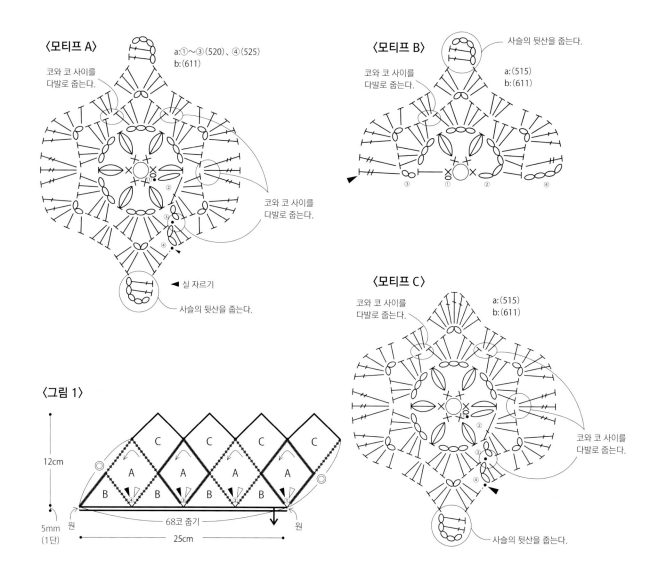

〈모티프 A〉

코와 코 사이를 다발로 줍는다.

a:①~③(520)、④(525)
b:(611)

코와 코 사이를 다발로 줍는다.

◀ 실 자르기

사슬의 뒷산을 줍는다.

〈모티프 B〉

코와 코 사이를 다발로 줍는다.

사슬의 뒷산을 줍는다.

a:(515)
b:(611)

〈모티프 C〉

코와 코 사이를 다발로 줍는다.

a:(515)
b:(611)

코와 코 사이를 다발로 줍는다.

사슬의 뒷산을 줍는다.

〈그림 1〉

12cm

5mm
(1단)

원　　　　　　　68코 줍기　　　　　　원

25cm

C C C C
A A A A
B B B B

〈연결하는 법〉 (611)로 연결한다.

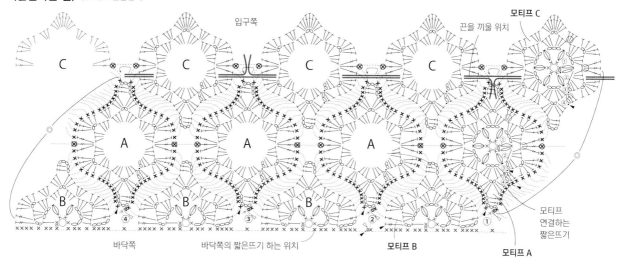

입구쪽

끈을 끼울 위치

모티프 C

모티프
연결하는
짧은뜨기

바닥쪽

바닥쪽의 짧은뜨기 하는 위치

모티프 B

모티프 A

◁ 실 잇기
◀ 실 자르기

⊗ 두길긴뜨기(모티프 1장)만 주워서 짧은뜨기
⊠ 두길긴뜨기와 마주 보는 짧은뜨기를
   함께 주워서 짧은뜨기

〈본체와 바닥 합치는 법〉 (611)

본체와 바닥을 겉끼리 맞대고,
본체 바닥쪽의 짧은뜨기와 바닥의 마지막 단을
함께 주워 짧은뜨기로 잇대어 합친다.

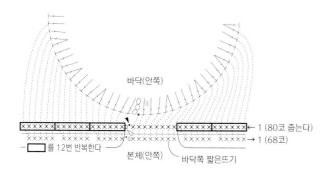

바닥(안쪽)

→ 1 (80코 줄는다)
→ 1 (68코)

▭ 를 12번 반복한다

본체(안쪽)

바닥쪽 짧은뜨기

〈바닥〉 (611)

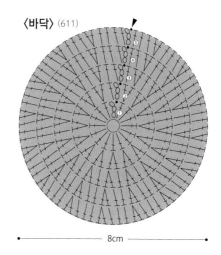

8cm

단	콧수	증감
⑤	80코	
④	64코	단마다 16코 증가
③	48코	
②	32코	
①	기둥코인 사슬뜨기 3코와 한길긴뜨기 15코를 뜬다.	

〈마무리하는 법〉

끈을 끼우고 끝을 한매듭 해준다.

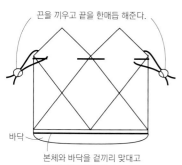

바닥

본체와 바닥을 겉끼리 맞대고
짧은뜨기로 잇댄다.

〈끈〉 (2가닥) a: (515), b: (611)

34cm (사슬코 100코)

motif. 26 작은 핀쿠션

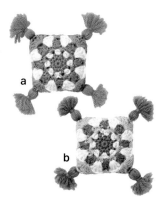

a

b

P.79

[실] a: 리치모아 퍼센트 청록색(34) 4g,
　　　　 오렌지(86) 6g, 에크루(1) 3g
　　　 b: 리치모아 퍼센트 연보라(56) 4g,
　　　　 보라(52) 6g, 에크루(1) 3g

[바늘] 코바늘 5/0호, 돗바늘

[기타] 수예용 솜 4g

[크기] 6.5 x 6.5 cm

[만드는 법]
① a, b 각 모티프를 2장씩 뜬다.
② 2장의 모티프를 안끼리 맞대고 수예용 솜을 채우면
　 서 마지막 단을 감침질한다.
③ 태슬 4개를 만든다.
④ 본체의 네 모서리에 태슬을 단다.

〈모티프 a〉 (2장)

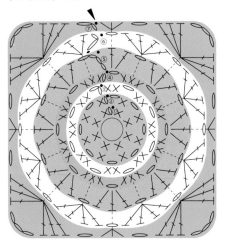

〈모티프 b〉 (2장)

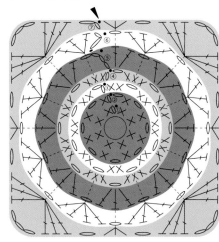

◀ 실 자르기

\/ = \\// 짧은 3코
　　　　 늘려뜨기

단수	a배색	b배색
①②⑤번째 단	(86)	(52)
③⑥번째 단	(1)	(1)
④⑦번째 단	(34)	(56)
태슬	(86)	(52)

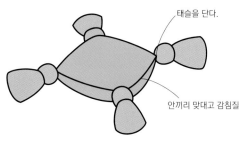

태슬을 단다.

안끼리 맞대고 감침질

〈태슬 만드는 법〉 (4개)

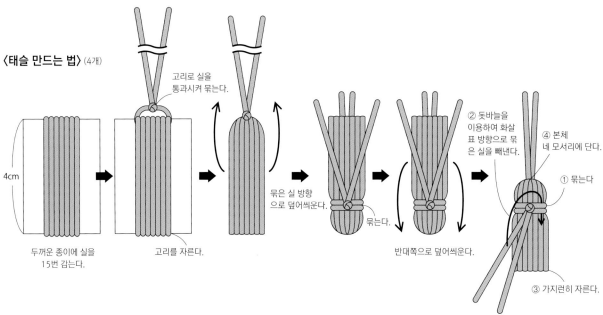

4cm

두꺼운 종이에 실을
15번 감는다.

고리로 실을
통과시켜 묶는다.

고리를 자른다.

묶은 실 방향
으로 덮어씌운다.

묶는다.

반대쪽으로 덮어씌운다.

② 돗바늘을
이용하여 화살
표 방향으로 묶
은 실을 빼낸다.

④ 본체
네 모서리에 단다.

① 묶는다

③ 가지런히 자른다.

[실] 하마나카 엑시드 울 L〈병태사〉 핑크(842)
135g, 보라(812) 135g, 베이지(804) 135g,
청색(854) 80g, 빨강(835) 80g

[바늘] 코바늘 7/0호, 돗바늘

[크기] 그림 참조

[만드는 법]

① 모티프를 40장 뜬다.

② 모티프를 그림 1과 같이 배치하고, 겉끼리 맞대고
바깥쪽의 반 코끼리 짧은뜨기로 이어준다.
(P.108 연결하는 법과 가장자리뜨기 참조)

③ 옷깃과 소매 끝부분을 가장자리뜨기한다.
(P.108 연결하는 법과 가장자리뜨기 참조)

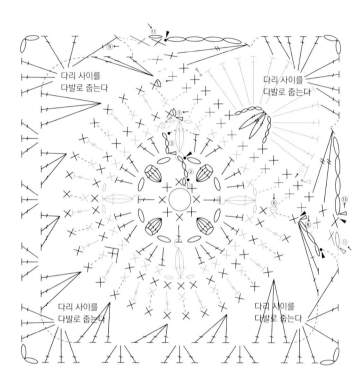

단수	배색
①②④번째 단	(804)
③⑤⑥⑦번째 단	(812)
⑧⑨번째 단	(842)
⑩⑪⑬번째 단	(854)
⑫번째 단	(835)

←—— 화살표 방향으로 뜬다.

◁ 실 잇기

◀ 실 자르기

연결용 실 색상

	배색
1,5,8,11,13,15	(842)
2,3,4,6,7,910,12,14	(854)

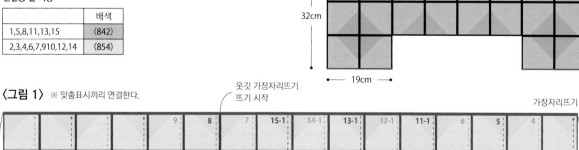

〈그림 1〉 ※ 맞춤표시끼리 연결한다.

〈연결하는 법과 가장자리뜨기〉

가장자리뜨기용 실 색상
———— (835)
———— (804)

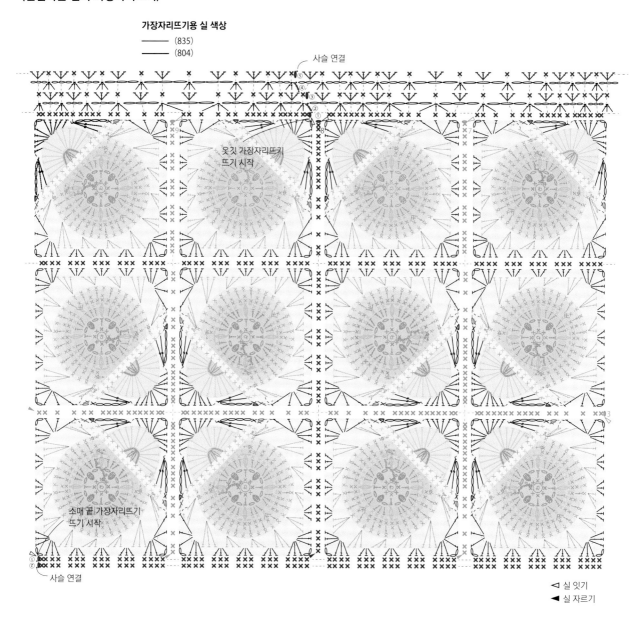

사슬 연결

옷깃 가장자리뜨기
뜨기 시작

소매 끝 가장자리뜨기
뜨기 시작

사슬 연결

◁ 실 잇기
◀ 실 자르기

[**실**] 하마나카 소노모노 로얄알파카 라이트그레이
  (144) 80g
  하마나카 아메리 그린(54) 30g, 그레이시옐로
  우(1) 30g

[**바늘**] 코바늘 7/0호, 돗바늘

[**크기**] 그림 참조

[**만드는 법**]

* 소노모노 로얄알파카는 2가닥으로, 아메리는 1가
  닥으로 뜬다.
① 모티프를 26장 뜬다.
② 그림 1과 같이 배치하고, 로얄알파카(1가닥)로 사슬
  뜨기를 해서 합친다. (연결하는 법 참조)

〈모티프〉

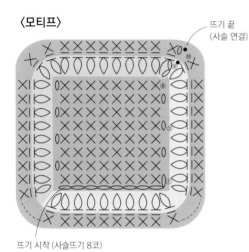

뜨기 끝
(사슬 연결)

뜨기 시작 (사슬뜨기 8코)

단수	배색
①~⑧번째 단	(144)
⑨번째 단 전반	(54)
⑨번째 단 후반	(1)
⑩번째 단	(144)

소노모노 로얄알파카(2가닥)
아메리(1가닥)

〈연결하는 법〉

(144)로 사슬뜨기하며 번호순으로 연결한다.

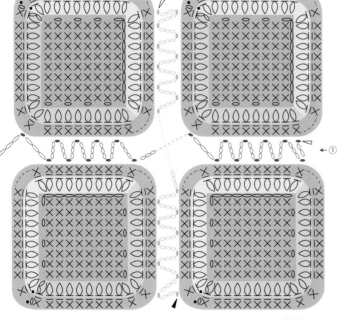

◁ 실 잇기
◀ 실 자르기

〈그림 1〉

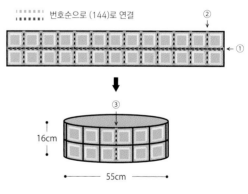

▪▪▪▪▪▪▪ 번호순으로 (144)로 연결

16cm

55cm

motif.21 2way 백

P.82

[실] 하마나카 에코 안다리아 네이비(57) 130g
　　　하마나카 워시코튼 〈크로셰〉 핑크(146) 15g

[바늘] 코바늘 6/0호, 돗바늘

[기타] 대나무 손잡이(폭: 약21cm, 높이: 약11cm) 1개,
　　　나사 D링(실버, 안쪽 치수 약 1.8cm, 굵기(지름)
　　　약 3.5mm) 2개, 가방고리(실버, 약 2.2cm(안쪽
　　　치수 1.6cm), 4.5cm) 2개

[크기] 그림 참조

[만드는 법]

＊ 감침질은 2가닥. 어깨끈은 2가닥으로 뜬다.

① 에코 안다리아로 모티프 A를 2장, 모티프 B를
　1장 뜬다.

② 연결하는 법을 참고하여 에코 안다리아 2가닥으로
　감침질한다.

③ 어깨끈을 뜬다. 워시코튼 〈크로셰〉 2가닥으로 뜨개
　도안 ①, ②와 같이 뜬다.

④ 어깨끈에 가방고리를 끼운다.(가방고리 끼우는 법
　참조)

⑤ 나사 D링을 통과 구멍에 끼운 다음, 대나무 손잡이
　를 본체에 달고 어깨끈을 나사 D링에 단다.

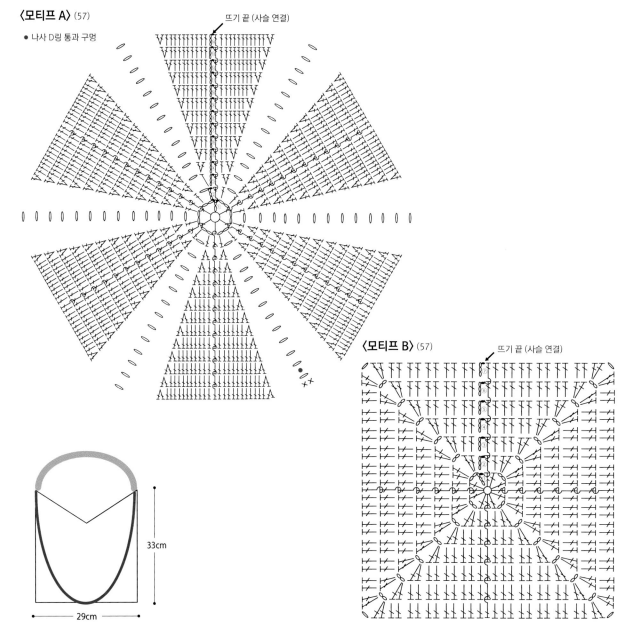

〈모티프 A〉 (57)

● 나사 D링 통과 구멍

뜨기 끝 (사슬 연결)

〈모티프 B〉 (57)

뜨기 끝 (사슬 연결)

33cm

29cm

〈연결하는 법〉 ✳ 같은 색 코를 안끼리 맞대고, 에코 안다리아 2가닥으로 코 전체를 감침질로 연결한다.

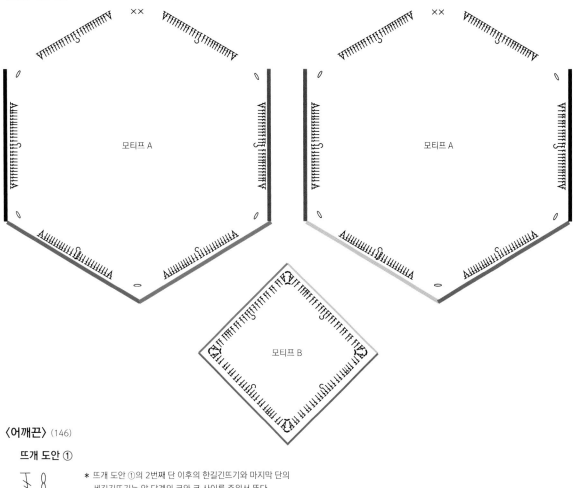

모티프 A

모티프 A

모티프 B

〈어깨끈〉 (146)

뜨개 도안 ①

✳ 뜨개 도안 ①의 2번째 단 이후의 한길긴뜨기와 마지막 단의
세길긴뜨기는 앞 단계의 코와 코 사이를 주워서 뜬다.

✳ 뜨개 도안 ①의 53단까지 뜬 후, 계속해서 뜨개 도안 ②를 뜬다.

뜨개 도안 ②

뜨기 끝 (사슬 연결)

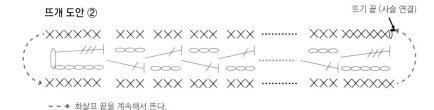

- - ▶ 화살표 끝을 계속해서 뜬다.

53

52

5

4

3

2

1

뜨기 시작
(시작코 사슬뜨기 1코)

〈가방고리 끼우는 법〉

고리

① 가방고리에 어깨끈을 통과시킨다.

② ①의 고리에 어깨끈을 통과시킨다.

③ 고리를 잡아당겨 조인다. 반대쪽
도 같은 방법으로 가방고리를 통
과시킨다.

111

motif 01 / P.6

뜨면서 마지막 단을 빼뜨기로 연결한다.

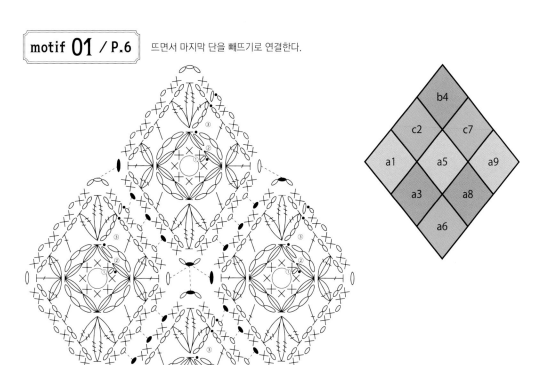

-------- 점선 끝을 빼뜨기로 연결한다.

motif 04 / P.9

번호순으로 뜨면서 바늘을 뺐다가 다시 넣어 연결한다.
마지막 단은 안면을 보면서 뜨기 때문에 연결하는 모티프도 안면으로 해서 연결한다.

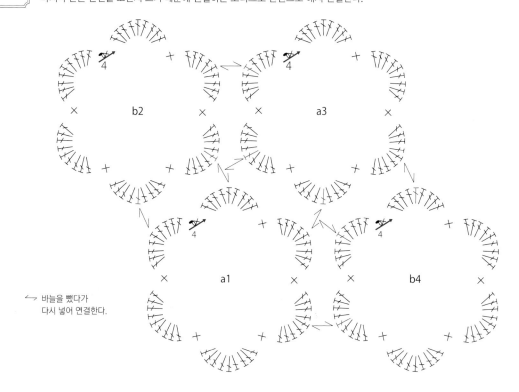

→ 바늘을 뺐다가
다시 넣어 연결한다.

motif 06 / P.11

안이 위로 오게 놓고 바깥쪽 반코를 짧은뜨기로 연결한다.

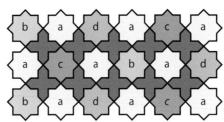

〈모티프 7〉

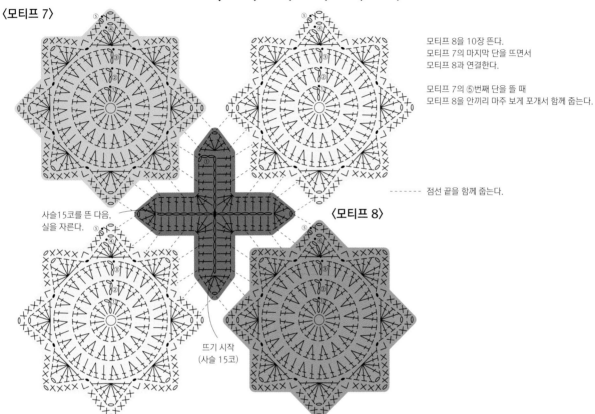

모티프 8을 10장 뜬다.
모티프 7의 마지막 단을 뜨면서
모티프 8과 연결한다.

모티프 7의 ⑤번째 단을 뜰 때
모티프 8을 안끼리 마주 보게 포개서 함께 줍는다.

------ 점선 끝을 함께 줍는다.

〈모티프 8〉

사슬15코를 뜬 다음,
실을 자른다.

뜨기 시작
(사슬 15코)

motif 10 / P.15

뜨면서 마지막 단을
빼뜨기로 연결한다.

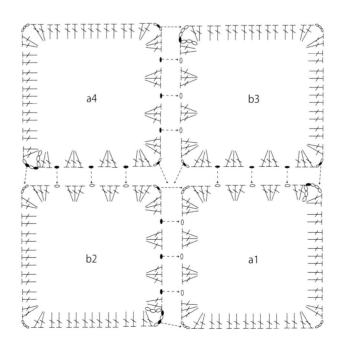

a4 b3

b2 a1

●---- 화살표 끝을 빼뜨기로 연결한다.

114

겉이 위로 오게 놓고, 코 전체를 빼뜨기로 연결한다.

* 배색은 P.17 참조

〈모티프 11〉

〈모티프 12〉

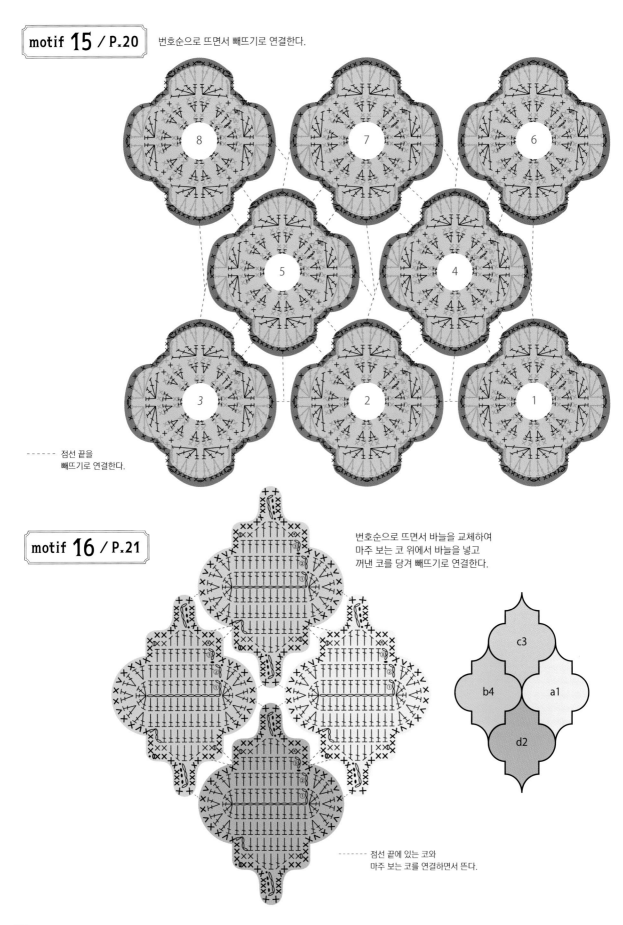

motif 15 / P.20

번호순으로 뜨면서 빼뜨기로 연결한다.

----- 점선 끝을
빼뜨기로 연결한다.

motif 16 / P.21

번호순으로 뜨면서 바늘을 교체하여
마주 보는 코 위에서 바늘을 넣고
꺼낸 코를 당겨 빼뜨기로 연결한다.

c3
b4   a1
d2

----- 점선 끝에 있는 코와
마주 보는 코를 연결하면서 뜬다.

116

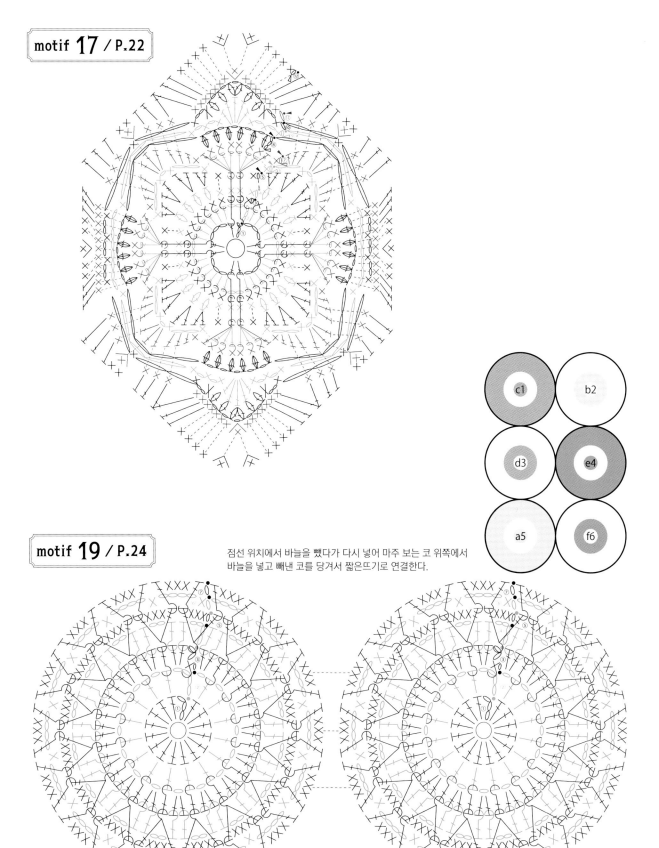

motif **19** / P.24

점선 위치에서 바늘을 뺐다가 다시 넣어 마주 보는 코 위쪽에서
바늘을 넣고 빼낸 코를 당겨서 짧은뜨기로 연결한다.

------- 점선 끝에서 연결한다.

motif 24 / P.30

번호순으로 뜨면서 바늘을 뺐다가
다시 넣어 빼뜨기로 연결한다.

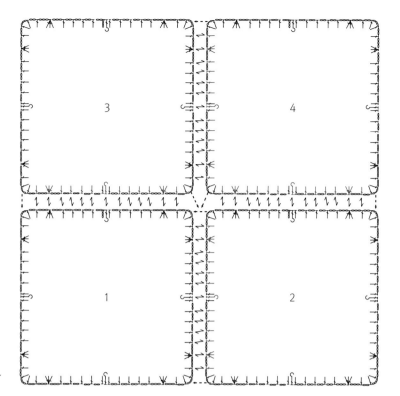

●----▸ 화살표 끝을 빼뜨기로 연결한다.

⟶ 바늘을 뺐다가 다시 넣어 연결한다.

motif 25 / P.31

번호순으로 뜨면서 빼뜨기로 연결한다.

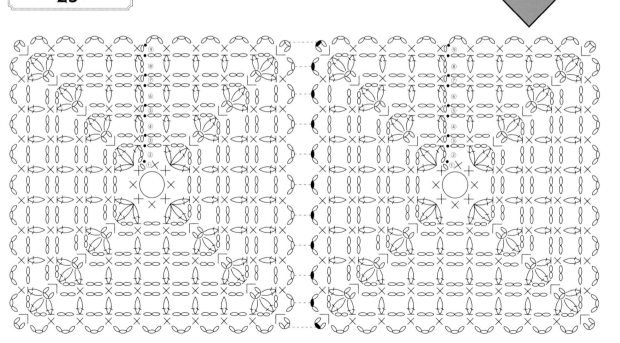

motif 31 / P.38

번호순으로 뜨면서 빼뜨기로
연결한다.

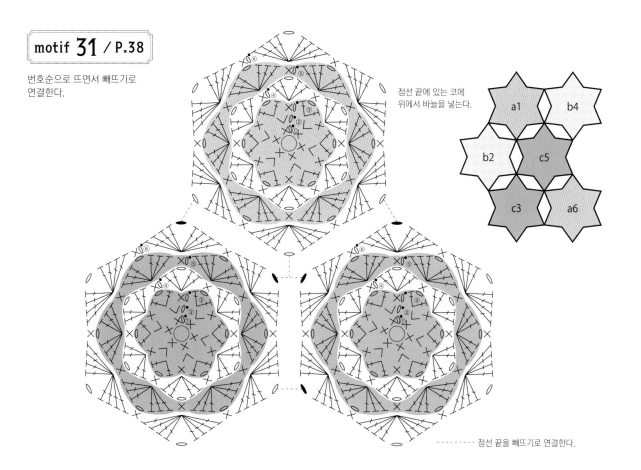

점선 끝에 있는 코에
위에서 바늘을 넣는다.

a1	b4
b2	c5
c3	a6

-------- 점선 끝을 빼뜨기로 연결한다.

motif 29 / P.36

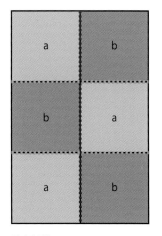

겉끼리 맞추고
안쪽 반 코를 감침질한다.

▪▪▪▪▪▪ (112)로 연결한다.
ı ı ı ı ı ı (7)로 연결한다.

motif 34 / P.41

안이 위로 오게 놓고 바깥쪽 반 코를 짧은뜨기로 연결한다.

motif 36.37 / P.43

번호순으로 뜨면서 빼뜨기로 연결한다.

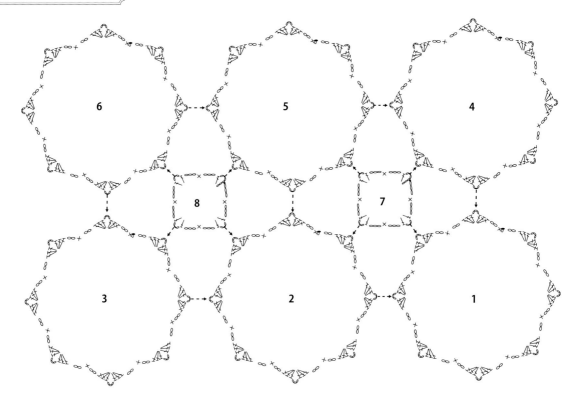

●----→ 화살표 끝을 빼뜨기로 연결한다.

motif 43.44 / P.50

번호순으로 뜨면서 빼뜨기로 연결한다.

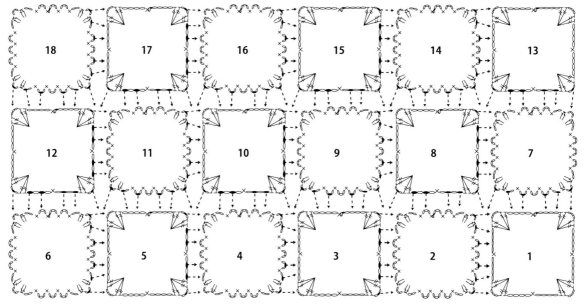

●----→ 화살표 끝을 빼뜨기로 연결한다.

번호순으로 뜨면서 빼뜨기로 연결한다.

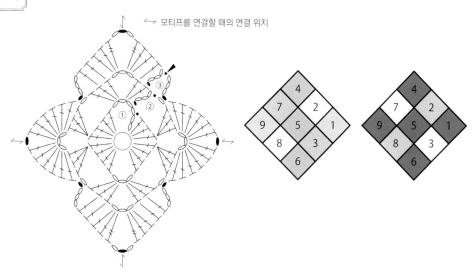

↙— 모티프를 연결할 때의 연결 위치

겉이 위로 오게 놓고 번호순으로 안쪽 반코를 짧은뜨기로 연결한다.

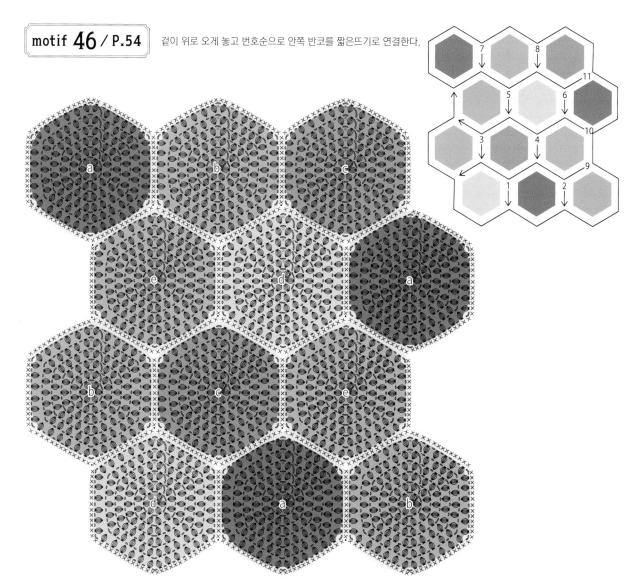

번호순으로 뜨면서, 바늘을 뺐다가 다시 넣어 빼뜨기로 연결한다.

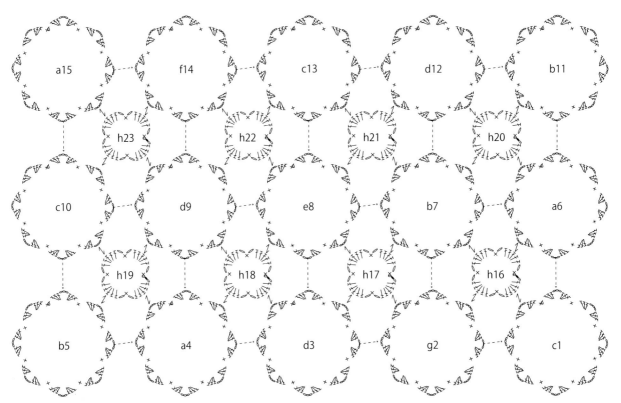

● ----- 화살표 끝을 빼뜨기로 연결한다.

↪ 바늘을 뺐다가 다시 넣어 연결한다.

겉이 위로 오게 놓고 코 전체를 빼뜨기로 연결한다.

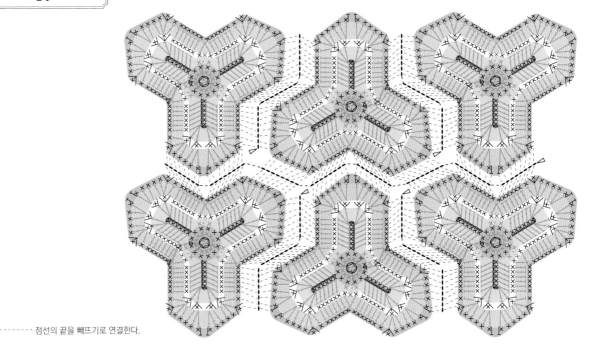

-------- 점선의 끝을 빼뜨기로 연결한다.

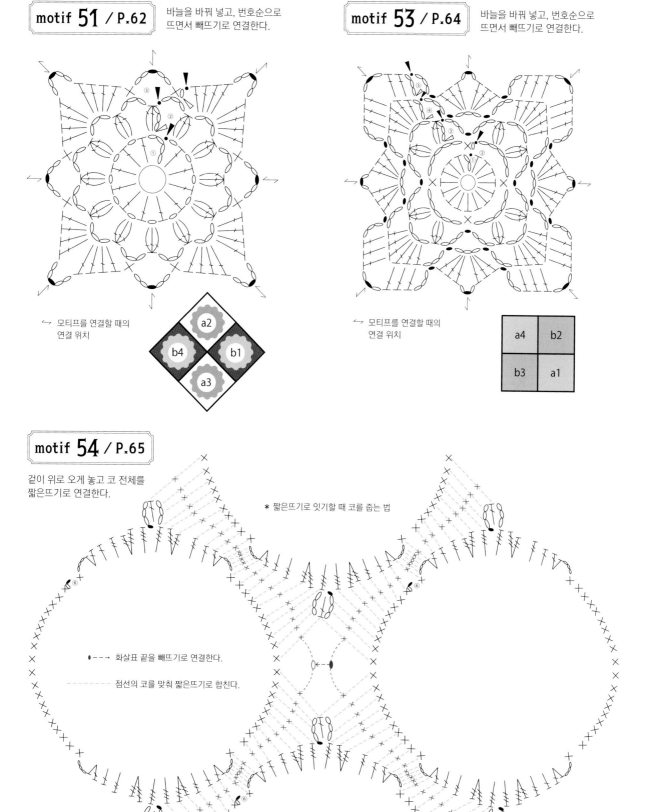

뜨개 기호 이 책에서 사용한 주요 뜨개 기호입니다.

빼뜨기
앞단의 코에 코바늘을 넣은 다음, 실을 걸어 빼낸다.

사슬뜨기
코바늘에 실을 감은 다음, 실을 걸어 빼낸다.

짧은뜨기
기둥코인 사슬 1코는 콧수로 세지 않고, 사슬 윗반코에 바늘을 넣어 실을 끌어낸 다음, 실을 걸어 고리 2개를 빼낸다.

    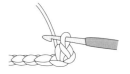

기둥코 1코   사슬 윗반코에 바늘을 넣는다.

한길긴뜨기
코바늘에 실을 걸어 끌어낸 다음, 다시 실을 걸어 고리 2개를 빼내는 것을 2회 반복한다.

    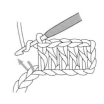

1회 감는다

받침코   기둥코 3코

긴뜨기
코바늘에 실을 걸어 끌어낸 다음, 다시 실을 걸어 고리 3개를 한꺼번에 빼낸다.

    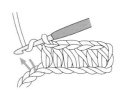

1회 감는다

받침코   기둥코 2코

두길긴뜨기
코바늘에 2회 실을 걸어 한 코 끌어낸 다음, 다시 실을 걸어 고리 2개를 빼내는 것을 3회 반복한다.

2회 감는다

세길긴뜨기

코바늘에 3회 실을 걸어 한 코 끌어낸 다음, 다시 실을 걸어 고리 2개를 빼내는 것을 4회 반복한다.

받침코　기둥코 5코

3회 감는다

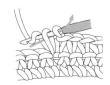
1

2 3

4

짧은뜨기 2코 늘려뜨기

같은 코에 짧은뜨기 2코를 뜬다.

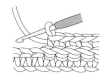
2코 / 1코 증가

짧은 뒤걸어뜨기

앞단의 코 다리를 뒤쪽에서 건져 짧은뜨기를 한다.

한길 긴 3코 늘려뜨기

같은 코에 한길긴뜨기 3코를 뜬다.

 한길 긴 2코 늘려뜨기

같은 코에 한길긴뜨기 2코를 뜬다.

한길 긴 2코 모아뜨기

화살표의 위치에 미완성 한길긴뜨기를 2코 뜬 다음, 실을 걸어 한 번에 빼낸다.

한길 긴 앞걸어뜨기

앞단 코의 다리를 바로 앞쪽에서 건져 한길긴뜨기를 한다.

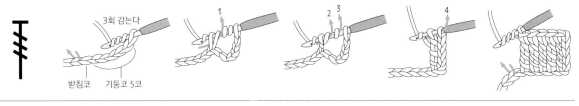

한길 긴 뒤걸어뜨기
앞단의 코다리를 뒤쪽에서 건져 한길긴뜨기를 한다.

한길 긴 3코 구슬뜨기
같은 코에 미완성 한길긴뜨기 3코를 뜬 뒤에 실을 걸어 고리 4개를 한 번에 빼낸다.

긴 3코 구슬뜨기
같은 코에 미완성 긴뜨기를 3코 뜬 뒤에 실을 걸어 한 번에 빼낸다.

긴 2코 구슬뜨기
같은 코에 미완성 긴뜨기를 2코 뜬 뒤에 실을 걸어 한 번에 빼낸다.

2번째 — 1번째
3번째

사슬뜨기 1코

한길 긴 5코 팝콘뜨기
같은 코에 한길긴뜨기 5코를 뜬 다음 일단 코바늘을 뺀다. 화살표와 같이 바늘을 다시 넣고 빼낸다. 사슬뜨기를 1코 뜬다.

   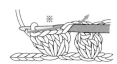 

사슬 연결
뜨기 끝 코의 실을 끌어낸 다음, 돗바늘을 이용하여 시작코로 통과시킨다. 끝 코로 돌아가 뒷면에서 실을 처리한다.

감침질로 4장을 연결할 때 (안끼리 맞대기/반 코)

① 모티프의 겉이 위로 오도록 맞대고, 맞닿은 모서리의 코에 돗바늘을 넣고 안쪽의 반 코를 건져서 1코씩 감침질한다.

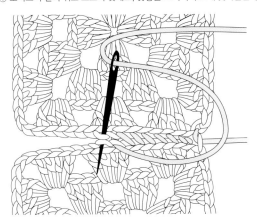

② 2번째 장 모서리의 코를 건진 다음 ①의 요령으로 잇는다.

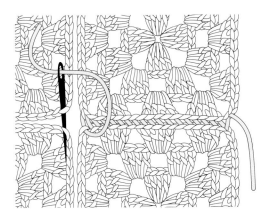

③ 1번째 장과 2번째 장 사이는 비스듬하게 실을 걸친다.

④ 1번째 장은 ①②의 요령으로 이어준다. 모서리는 ③과같이 코를 건진다.

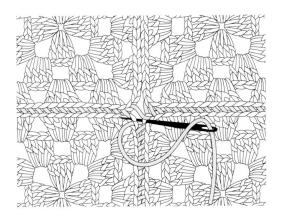

⑤ 연결한 바깥쪽은 모서리를 크로스로 걸친다.

코바늘로 뜨는

모로칸 디자인 모티프

초판 1쇄 발행 | 2024년 11월 11일

엮은이 | 더 헐레이션스

옮긴이 | 김수정

펴낸곳 | 윌스타일

출판등록 | 제2019-000052호

전화 | 02-725-9597

팩스 | 02-725-0312

이메일 | willcompanybook@naver.com

ISBN | 979-11-85676-78-4 13590

* 잘못된 책은 구입하신 곳에서 바꿔드립니다.